"十四五"普通高等教育本科部委级规划教材

电脑横机基础

裘玉英　编著

中国纺织出版社有限公司

内 容 提 要

本书以Stoll电脑横机为例，介绍了电脑横机的构成、基本操作、花型设计系统的基本结构与功能，以及各类组织的设计与编程等。本书内容深入浅出、层层递进，从基本组织的设计与编程到花色组织的设计与编程，最后结合花型设计实例进行了分析和编程设计。

本书可供毛衫行业的设计师、技术人员、产品开发人员等使用，也可供纺织服装专业院校的师生使用，尤其适合电脑横机初学者学习参考。

图书在版编目（CIP）数据

电脑横机基础 / 裘玉英编著 . -- 北京：中国纺织
出版社有限公司，2023.3
"十四五"普通高等教育本科部委级规划教材
ISBN 978-7-5229-0213-5

Ⅰ . ①电… Ⅱ . ①裘… Ⅲ . ①横机－高等学校－教材
Ⅳ . ① TS183.4

中国版本图书馆 CIP 数据核字（2022）第 252081 号

责任编辑：苗 苗 魏 萌 责任校对：楼旭红
责任印制：王艳丽

中国纺织出版社有限公司出版发行
地址：北京市朝阳区百子湾东里 A407 号楼 邮政编码：100124
销售电话：010－67004422 传真：010－87155801
http://www.c-textilep.com
中国纺织出版社天猫旗舰店
官方微博 http://weibo.com/2119887771
北京通天印刷有限责任公司印刷 各地新华书店经销
2023 年 3 月第 1 版第 1 次印刷
开本：787×1092 1/16 印张：10
字数：205 千字 定价：59.80 元

前 言
PREFACE

当今世界，信息化、网络化、数字化已经成为社会发展的大趋势，迅猛的数字化浪潮冲击着人类社会的各个领域。毛衫作为传统产业，亟需进行数字化转型与升级，从而解决面临的劳动力成本以及技术提升问题，其中起决定性作用的就是毛衫编织设备即针织横机的更新与升级。

近年来，随着电子信息技术在针织横机中的应用，针织横机逐步走向自动化和现代化，出现了能够自动翻针和放针、自动换梭、自动调节密度等形式的电脑横机。电脑横机与普通横机相比，具有机器自动化程度高、生产效率高和产品应用广泛等众多优点，深受毛衫生产企业的喜爱。随着电脑横机在毛衫产业中的应用，企业对于电脑横机人才的需求也逐年提升，不少纺织服装院校也开设了相关的电脑横机课程，以培养电脑横机毛衫设计与工艺人才。

电脑横机种类繁多，各品牌电脑横机拥有各自的花型设计软件，但设计原理基本相同。本书以Stoll电脑横机为例，重点介绍了电脑横机的基本操作和利用M1plus花型设计软件进行毛衫各类组织的设计与编程方法，注重设计与工艺的融合。全书以电脑横机基本理论、电脑横机的基本操作、M1plus花型设计软件系统、基本组织的设计与编程、花色组织的设计与编程为主线展开，第一章介绍了电脑横机的特点与种类、电脑横机的基本操作步骤等内容；第二章介绍了电脑横机花型设计系统的基本结构和各自模块的功能，以及上机编织程序的设计与制作步骤；第三章介绍了电脑横机基本组织的设计与编程方法，包括罗纹类组织、纬平针类组织和双反面组织等；第四章介绍了电脑横机花色组织的设计与编程方法，包括移圈类组织、提花类组织、集圈类组织和凸点凸条类组织等，最后进行了花型实例分析，内容由浅入深，学习中强调理论与实践结合，可为电脑横机从业者和学习者提供一定的参考。

本书为校企合作教材，本书在编写过程中得到了浙江爵派尔科技发展有限公司、浙江爵派尔服饰有限公司的大力支持，笔者在此表示感谢。感谢POP服装流行趋势网，为本教材的编写提供了素材。另外，本书在编写过程中还参考了一些专家学者出版的著作等，笔者在此向各位作者表示感谢。同时，笔者还要向所有关心、支持和帮助本书写作和出版的朋友们表示衷心的感谢。由于笔者水平有限，书中难免存在不足之处，敬请读者批评指正。

编著者
2022 年 11 月

教学内容与课时安排

章（课时）	课时性质（课时）	节	课程内容
第一章 （12课时）	理论与实践 （48课时）	●	电脑横机概述
		一	电脑横机的系列品牌及特点
		二	电脑横机种类与基本操作
第二章 （6课时）		●	电脑横机花型设计系统
		一	花型设计系统的基本结构与功能
		二	上机编织程序的设计与制作
第三章 （6课时）		●	电脑横机基本组织的设计与编程
		一	纬平针类组织的设计与编程
		二	罗纹类组织的设计与编程
		三	双反面组织的设计与编程
第四章 （24课时）		●	电脑横机花色组织的设计与编程
		一	移圈类组织的设计与编程
		二	提花类组织的设计与编程
		三	集圈类组织的设计与编程
		四	凸点凸条类组织的设计与编程
		五	其他组织的设计与编程
		六	花型设计实例分析与编程

注：各院校可根据自身的教学特色和教学计划对课程时数进行调整。

目 录
C O N T E N T S

第一章
电脑横机概述

本章知识点：

1. 电脑横机的品牌类别。

2. 电脑横机的主要结构参数。

3. 电脑横机的特点。

4. 电脑横机的分类。

5. 电脑横机的基本操作步骤。

随着机械电子工业的发展和针织编织技术的不断进步，针织横机逐步走向自动化和现代化，出现了能够自动翻针、放针、拷针和收针、自动换梭、自动调节密度、自动移动针床、自动调幅等形式的电脑横机。电脑横机不仅具有普通横机编织的优点，而且具有机器自动化程度高，变化手段多、质量好，操作简便、生产效率高、产品应用广泛等众多优点，深受毛衫生产企业的喜爱。

第一节　电脑横机的系列品牌及特点

一、电脑横机系列品牌

电脑横机最早出现于20世纪70年代，随着电子技术的发展和市场需求，电脑横机生产厂商不断推出各种不同类型的全自动电脑横机，电脑横机的功能也越来越完善。目前全球电脑横机主要生产国为中国、德国、日本等，他们各自推出了不同系列品牌的电脑横机。

我国电脑横机品牌众多，主要有南通天元TY系列电脑横机、常熟龙星LXC系列电脑横机、宁波慈星GE系列电脑横机等；国外的电脑横机品牌主要有德国Stoll的CMS系列电脑横机，日本岛精的SSG、SIG和SWG三个系列电脑横机（SSG系列相当于传统的常规机型、SIG是嵌花类机型、SWG属于全成型编织机型）等。图1-1为国内电脑横机，图1-2为国外电脑横机。

（a）南通天元TY系列电脑横机　　　　　　　　（b）常熟龙星LXC系列电脑横机

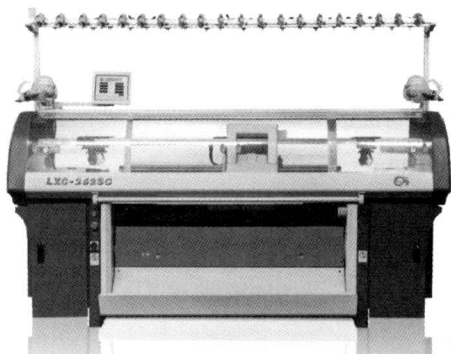

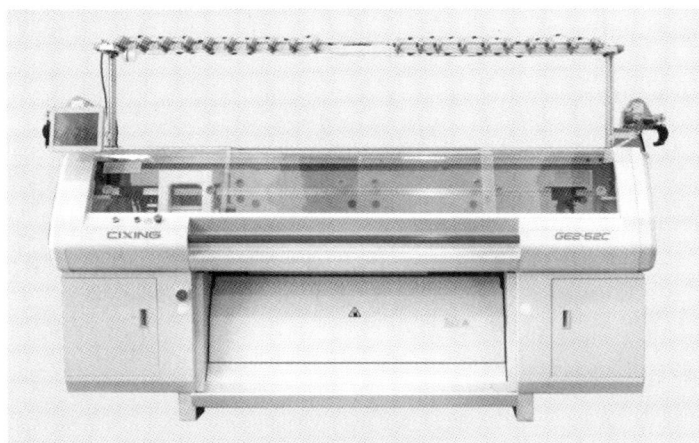

（c）宁波慈星 GE 系列电脑横机

图 1-1　国内电脑横机

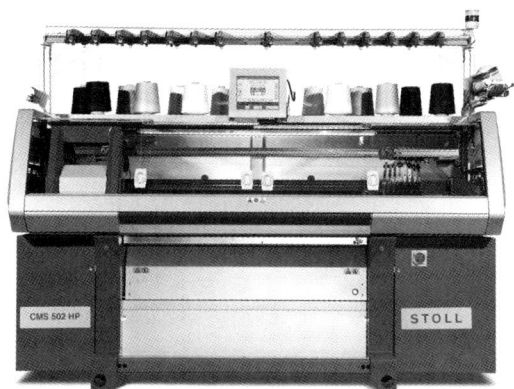

（a）德国 Stoll CMS 系列电脑横机

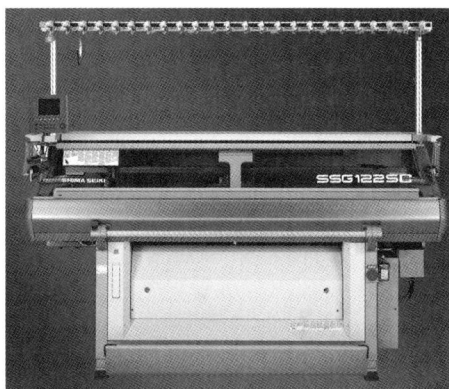

（b）日本岛精 SSG 系列电脑横机

图 1-2　国外电脑横机

二、电脑横机的主要结构参数

（一）针床数

电脑横机和手摇横机一样，基本都是双针床，两个针床呈倒"V"字形配置，也有一些特殊的电脑横机有三个或四个针床，即在原来的双针床基础上增加 1~2 个辅助移圈针床，用于织可穿产品的编织，如图 1-3 所示。

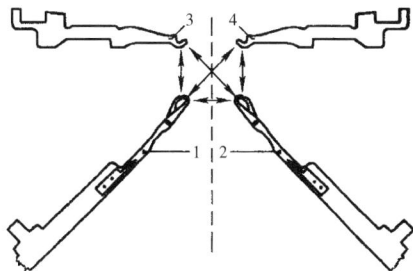

图 1-3　四针床电脑横机

（二）针床宽度

针床宽度是指横机公称宽度，又称针床幅宽或有效长度，是最大排针区宽度。电脑横机针床宽度主要分为三种：第一种是窄幅横机，机宽在127cm（50英寸）左右，主要用于单件全成形衣片的生产，是我国使用的电脑横机的主要机型；第二种是宽幅横机，机宽在203cm（80英寸）以上，可同时编织两片衣片，适用于裁剪衣片或附件的生产；第三种是介于两者之间的、机宽在178cm（70英寸）左右的电脑横机，主要用于单件"织可穿"产品的生产。

（三）系统数

系统数是指机头中三角系统的组数，有单系统、双系统和多系统之分，系统数越多，机器编织效率就越高。电脑横机的系统数与针床宽度有关，一般窄幅横机以双系统和三系统为主；宽幅横机一般为四系统，在双机头时可以分为两个双系统使用，织可穿的机器一般为三系统。

（四）机号

机号是用针床上规定长度内（通常为25.4mm，即1英寸）所具有的针数来表示，是针距大小和织针粗细的指标。机号在一定程度上确定了机器可加工纱线线密度的范围，一定机号的电脑横机只能编织一定粗细范围的纱线。机器所能编织的最粗纱线取决于织针针钩的大小和针与针槽的间隙，所能编织的最细纱线不受限制，而取决于织物的品质。电脑横机的机号通常用E7、E12等来表示，除此之外还有多针距电脑横机，用E6.2、E7.2等表示。

三、电脑横机的特点

（一）单针选针

由于在电脑横机上采用了电磁选针装置，因此电脑横机具有单针选针功能。单针选针与三角变换、针床横向移位、导纱器变化等功能相组合，使电脑横机能够编织出各种时尚而又独特的花样，且花纹样式不受限制。

（二）成型编织

由于在大多数横机上采用了特殊的牵拉技术，如压脚和脱圈沉降片，使电脑横机能编织出完整的单块衣片，有的甚至还能编织出整件毛衫，从而节省了因缝纫所产生的原料浪费和劳动力浪费，可大大缓解企业因劳动力不足带来的问题。

（三）改变品种简便、迅速

这是电脑横机最大的优点之一。由于电脑横机配有相应的花型准备系统，其花型准备工作相对比较容易，而且上机操作简便。只要把准备好的新花样，通过磁盘或U盘输入电脑横机的程序控制装置，就能达到变换品种的目的。因此，电脑横机能适应现代服装花色流行期短、流行色不断变化的现状。另外，由于缩短了上机操作的时间，因此也提高了机器的生产效率。

（四）多成圈系统

电脑横机一般都有多个成圈三角系统，最多可达四五个，有的还用双机头、三机头甚至四机头，每个机头有两个或三个成圈系统，可分开或合起来使用。在编织尺寸小的衣片时，机头可分开单独编织；编织尺寸大的衣片时，两个机头可连在一起，多个系统同时编织。多系统的采用大大提高了电脑横机的编织效率，从而提高了产量，同时也为复杂花型的编织提供了必要的条件。

（五）步进电动机控制

电脑横机普遍采用步进电动机来准确控制弯纱深度、针床移位及其导纱定位块的位置，减少了编织过程中成圈机件的位置误差，使电脑横机编织出的毛衫线圈大小更为均匀，大大提高了产品的质量。

第二节 电脑横机种类与基本操作

不同品牌的电脑横机，其功能、种类和操作过程也会有所不同。这里主要以德国Stoll电脑横机为例，介绍其种类及基本的操作步骤。

一、电脑横机种类

（一）电脑横机型号

Stoll 电脑横机主要是以 CMS 系列为代表，其型号系列可表示为 CMS 530 XX，如图 1-4 所示。

其中，CMS 表示为 Stoll 电脑横机（Computer Machine Stoll）。

第一个数字"5"表示机器的针床长度（即针床排针长度）。若针床长度的数字是"4"，则表示机器针床排针长度为 114cm（45 英寸）；若为"5"，则表示机器针床排针长度为 127cm（50 英寸）；若为"7"，则表示机器针床排针长度为 183cm（72 英寸）；若为"8"，则表示机器针床排针长度为 213cm（84 英寸）；若为"9"，则表示机器针床排针长度为 244cm（96 英寸）。

第二个数字"3"表示每个机头的编织系统数。若数字为"2"，则代表每个机头有 2 个成圈编织系统；若数字为"3"，则代表每个机头有 3 个成圈编织系统；等等。

第三个数字"0"表示机器的机头个数。在表示机头个数时有特殊规定，若数字为"0"，则表示该机型为单机头机器；若为其他数字，则表示该机型为双机头机器。

数字后的 XX 为字母或者数字，表示机器的特点。

其中，"TC"代表电脑触摸控制（Touch Control）；"C"代表粗针机型，如 CMS 520 C；"T"代表四针床，如 CMS 530 T；"Knit&Wear（K&W）"代表织可穿，如 CMS 822 Knit&Wear；"S"代表特种机型的织可穿，如 CMS 730 S；"E"代表经济型，如 CMS 420 E（无辅助牵拉，仅有右侧 6 把导纱器，左侧无导纱器）；"Multi Gauge（MG）"代表多针距，如 CMS 530 Multi Gauge。

综上所述，CMS 530 TC—C 表示机器针床排针长度 50 英寸、单机头、有 3 个成圈编织系统的粗针电脑触摸控制的 Stoll 电脑横机。

（二）电脑横机分类

总体上来说，CMS 电脑横机可分为 CMS 基本型、CMS 紧凑型、CMS 超大型、CMS 多针距型和 CMS 织可穿型等，如图 1-5 所示。

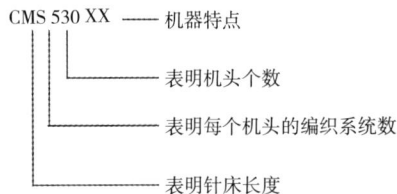

图 1-4 机器型号

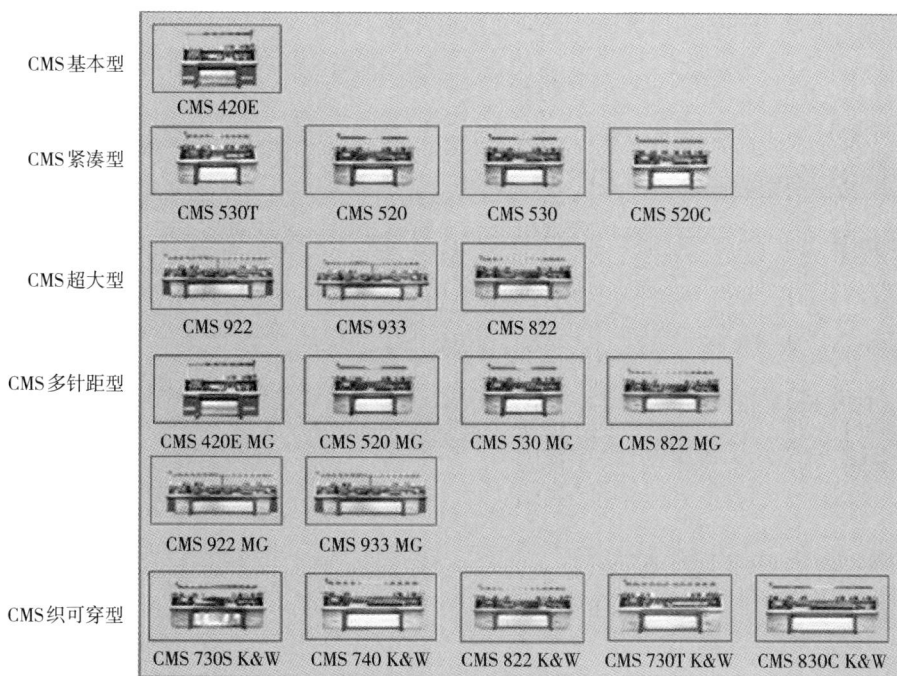

图1-5 CMS电脑横机分类

1. CMS基本型

CMS基本型机器非常灵活和高效，尤其适合打样和小批量生产或者生产附件；与其他机型搭配使用可使生产高效。这类机器有CMS 420 E等。

2. CMS紧凑型

CMS紧凑型机器尤其适合生产全成型产品，所有的机器都配备了切夹纱装置、织物牵拉系统和起针梳等。这类机器有CMS 530 C等。

3. CMS超大型

CMS超大型机器一般为双机头的超大型机器，以极高的生产效率和灵活性著称；既可生产全成型产品或附件，也可生产剪裁、缝合产品。在编织过程中机头可迅速进行分合，确保最高的生产和使用效率。这类机器有CMS 822、CMS 933等。

4. CMS多针距型

CMS多针距型机器通过Stoll多针距技术可以生产与众不同的花型，即在同一片织物上有不同的针距，并在水平或垂直方向都可以变化，且无须更换织针和针距转换。这类机器有CMS 530 MG、CMS 922 MG等。

Stoll电脑横机多针距机型一般用针距数后面带".2"来表示（针距为针距数的两倍），

多针距型机器的织针针钩比普通针距机器的织针针钩粗，如E3.5.2的机器为4针针钩大小，E7.2的机器为10针针钩大小，因此能编织多种针距的产品（E7.2的机器，可以在同一织物上织出E7针到E14针的所有效果）。

5. CMS织可穿型

CMS织可穿型机器就是可以在机器上一次就编织出整件衣服，下机后无须缝合或只需少许缝合就可服用的电脑横机，如CMS 830C K & W和CMS 730S K & W等。CMS织可穿型机器编织的成衣基本没有肩缝、大身侧缝和袖底缝等，因此在毛衫生产过程中可减少生产工序、节约生产时间和劳动力成本，但其产品的程序设计比普通电脑横机更加复杂，对设计人员要求较高，所能编织的产品也有一定的限制。

二、电脑横机的基本操作

（一）电脑横机的基本构成

如图1-6所示为Stoll CMS 530电脑横机的构成图，具体构成如下：

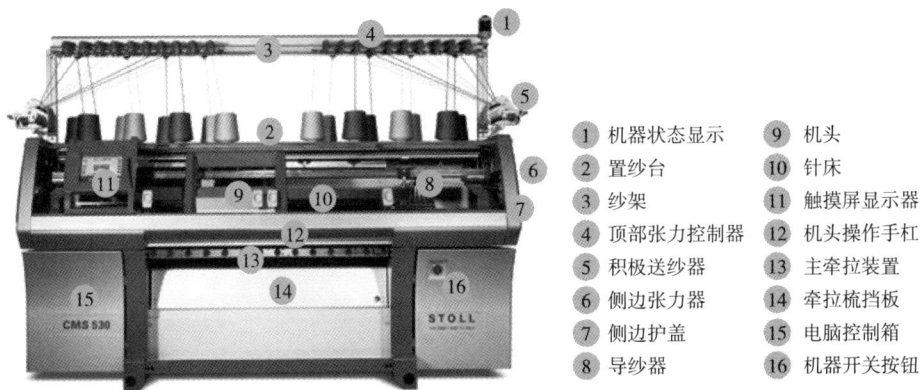

① 机器状态显示	⑨ 机头
② 置纱台	⑩ 针床
③ 纱架	⑪ 触摸屏显示器
④ 顶部张力控制器	⑫ 机头操作手杠
⑤ 积极送纱器	⑬ 主牵拉装置
⑥ 侧边张力器	⑭ 牵拉梳挡板
⑦ 侧边护盖	⑮ 电脑控制箱
⑧ 导纱器	⑯ 机器开关按钮

图1-6　Stoll CMS 530电脑横机的构成

① 为机器状态显示，正常状态下显示为绿灯，停机或故障状态下显示为红灯。

② 为置纱台，用于置放编织用纱线。

③ 为纱架，一般电脑横机有前后平行的三根纱架，以满足不同位置穿纱的需要。

④ 为顶部张力控制器，用来控制纱线张力、检查纱线大小结头及断线等；若遇到大结头和断线，则会自动触动停机装置，机器停机；若遇到小结头，则机器按照设定的结头机速运行。

⑤ 为积极送纱器，通过纱线和摩辊之间的摩擦积极送纱；纱线和摩辊之间的接触面越大，则摩擦力越大，送纱越容易；反之，则摩擦力越小，送纱越困难。

⑥ 为侧边张力器，用来控制纱线在编织过程中的张力，可通过上下移动侧边滑块改变张力大小。可量度数越大，则纱线编织张力越大；反之，则张力越小。

⑦ 为侧边护盖，可开合，在编织过程中一旦打开侧边护盖，机器就会自停。

⑧ 为导纱器，导纱器数量各有不同。例如，CMS 530电脑横机左右各有八把导纱器，共计十六把。

⑨ 为机头，机头是电脑横机的重要组成部分，机头内可安装一个或多个成圈系统，目前最多的有八个成圈系统。机头内的成圈系统由各种三角组成，除部分可以上下移动外，其余三角都是固定的。

⑩ 为针床，一般电脑横机有前后两个针床，特殊功能的也有四个针床的。针床上插有织针、挺针片（导针片）、中间片（压片）、选针片和沉降片等。

⑪ 为触摸屏显示器，可用专用笔或手触摸控制。机器启动后，触摸屏显示器上会显示"主菜单"操作界面，如图1-7所示。

Ⅰ 菜单操作区域
Ⅱ 机器运行状态显示
Ⅲ 功能命令输入按钮

图1-7 "主菜单"操作界面

"主菜单"操作界面上常见按键功能如图1-8所示。

⑫ 为机头操作手杠，上抬红色操作手杠，可运行机器使机头来回运动；放下红色操作手杠，可以使机器停止运行；上抬红色操纵手杠，握持以控制机速，红色操纵手杠越高，机速就越快。

⑬ 为主牵拉装置，由主牵拉辊、辅助牵拉辊和牵拉梳组成。主牵拉辊起主要的牵拉作用，由牵拉电动机控制，通过电脑程序来改变电动机的转动速度，从而控制牵拉力的大小；

按键	功能	按键	功能
	导入&保存		编辑编织程序
	机速		横移修正
	创建花型		启动机器
	停机		彩色监视器
	循环计数器&计数器		手动干预
	起针梳		牵拉
	编织区域		线圈长度
	导纱器		松开夹纱装置
	维修		机器设定
	定量编织菜单		顺序编织菜单

按键	功能	按键	功能
	切换回"主菜单"。		切换回上一页。
	切换至下一页。		调出帮助信息。
	切换回上一页帮助。		最新信息和信息列表。
	确认输入。		调出输出直接指令窗口。
ST2=0	顺序菜单:将已编织衣片复位计数器为"0"。		75%的编织速度。
	恢复至100%编织速度。		切换到状态行。
	切换到选择/输入键。		确认解除故障。
	切换到"附加功能键"。		切换到"标准功能键"。

图1-8 按键功能

辅助牵拉辊位置离针床床口较近,可以由程序控制进入或退出工作,主要在编织特殊结构或成型编织时辅助主牵拉辊工作,如多次集圈、局部编织、放针等,以达到主牵拉辊单独工作难以达到的牵拉作用;牵拉梳又称为起底板,主要在起头时工作,在起头时由牵拉梳牵拉住起口纱线,防止纱线脱圈,编织一定行列后,由牵拉梳和辅助牵拉共同作用于织物,编织到一定长度后,主牵拉辊开始工作,和辅助牵拉共同作用于织物,牵拉梳脱离开织物并回归原位。

⑭ 为牵拉梳挡板,可开合。

⑮ 为电脑控制箱,内装多个电动马达,带动机头的运动、后针床横移、弯纱三角运动等。

⑯ 为机器开关按钮,旋转此按钮可开关电脑横机。

(二)电脑横机上机基本操作流程

旋转机器开关按钮,打开电脑横机,自动启动电脑横机,出现操作主界面后,上机操作基本流程如下。

1. 织前检查

编织前应仔细检查针床上织针的状态、织针上是否挂有纱线、牵拉梳上是否留有纱线等,若有务必及时清除干净;若织针或选针片等有损坏要及时更换。

2. 空跑

点击"主菜单"操作界面中的 "启动机器"按钮会出现如图1-9所示的界面,选择"SPF行固定999",上抬"机器操作手杠"进行空跑1~2转后停机,即不带纱线机头来回运动,观察机器是否正常。

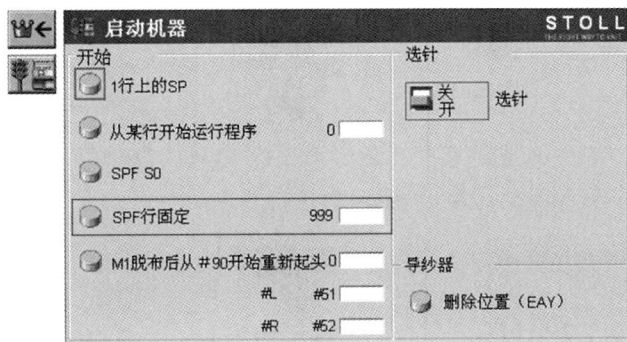

图1-9 启动机器

这里有两点值得特别注意,一是上抬"机器操作手杠"前务必查看机器右上角的"机器状态显示"灯,若为绿灯,则可上抬"机器操作手杠";若为红灯,则要先解除故障,然后点击主菜单操作界面右下角的 "确认故障解除"按钮解除故障,待"机器状态显示"灯变绿后方可上抬"机器操作手杠",否则机器会出现故障。二是空跑后的停机位置需满足两个条件,机头方向从左到右和机头位于机器的左半边。

3. 导入(加载)程序

点击"主菜单"操作界面中的 "导入(加载)程序"按钮,会出现如图1-10所示的界面,导入(加载)程序必须包含"SIN""JAC""SET"三个文件。

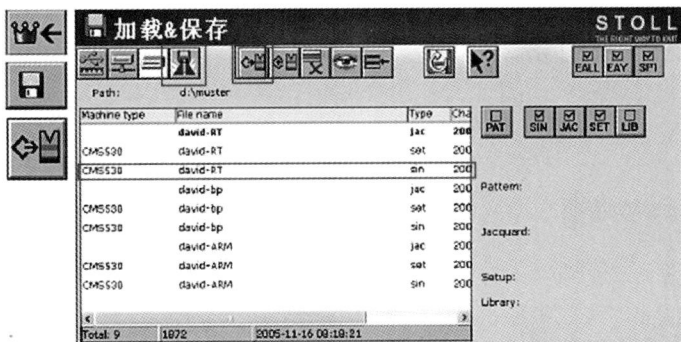

图1-10 导入(加载)程序

SIN(Sintral)文件:包含一系列指令,用来控制所有参与机器编织的部件的活动状态。

JAC(Jacquard)文件:包含选针符号的集合,标识不同位置上的织针符号。

SET（Set-up）文件：包含编织参数的内容，如机头速度、导纱器、牵拉、线圈密度等。

（1）选择打钩激活右上角的"EALL""EAY""SP1"。激活"EALL"，则在加载程序前，删除原有机器中存在的程序；激活"EAY"，则删除原有程序中的导纱器位置；激活"SP1"，表示程序导入后，自动执行"从第1行开始运行程序"，机器将自动运行程序。

（2）打钩激活"PAT"或"SIN""JAC""SET"功能。激活"PAT"，则在磁盘目录中仅显示与当前机型针距相匹配的程序；激活"SIN""JAC""SET"或其中任意一个，则显示磁盘中与该文件类型相匹配的所有文件。

（3）点击 ![] "路径"按钮，找到程序所在位置，选择需要导入（加载）的程序，然后点击 ![] "加载"按钮导入（加载）程序。

4. 检查程序内容

点击"主菜单"操作界面中的 ![] "编辑编织程序"按钮，在此界面内检查导入程序的名称、机号等信息是否正确，并查看导纱器的位置排列情况等。

5. 程序检验

在"主菜单"操作界面中的功能命令输入区域点击 ![] "调出输出直接指令窗口"按钮，输入"TP"，然后按回车键进行程序检验。若出现"TP OK"，则表示程序检验无误，可以进行下一步操作；若提示出现问题，则要修改程序。

6. 穿纱

根据程序中的导纱器排列情况（"编辑编织程序"界面查看的导纱器位置排列情况），选择合适的纱线进行穿纱。穿纱的正确与否，对编织能否顺利进行至关重要。

纱线从纱筒到导纱器的过程中，主要的控制部件有顶部纱线控制装置、积极送纱装置或者喂纱轮、侧边张力器、导纱器，最后固定在切夹纱装置上。对于不同性质的纱线，主要有三种不同的穿纱方式，如图1-11所示。

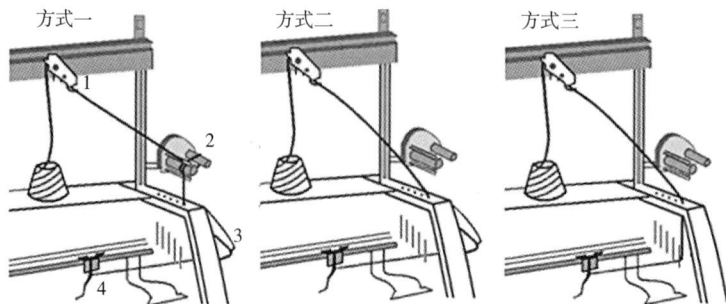

图1-11 穿纱方式

1—顶部纱线控制装置 2—积极送纱装置 3—侧边张力器 4—导纱器

方式一：纱线过顶部纱线控制装置，过积极送纱装置，过侧边张力器，侧边张力大小要合适。大身用的编织纱线一般用这种穿纱方式。这种穿纱方式可很好地控制纱线的大结头、退绕断线，以及编织断线等引起的停机。

方式二：纱线过顶部纱线控制装置，不过积极送纱装置，过侧边张力器。这种穿纱方式一般用于分离纱或保护纱。

方式三：纱线过顶部纱线控制装置，不过积极送纱装置，过侧边张力器，张力很小。弹力纱一般用这种穿纱方式。

穿纱方式并不是一成不变的，在具体的生产过程中，要具体情况具体分析，不同性能的纱线选择合适的穿纱方式，有利于编织生产。

为了保障编织的顺利进行，穿纱时要特别注意以下九个事项：一是纱筒要放在导纱钩的正下方，以利于纱线顺利退绕；二是要保持纱路垂直，不同的纱线须平行喂入，不能有交叉，以减少摩擦，减少纱线在纱路中的阻力，从而减小纱线张力；三是穿好纱线后要检查纱路，过顶部纱线控制装置和侧边张力器的纱线要保证其顶部张力和侧边张力打开；四是编织用主纱应尽量穿在最边缘的位置，以减小纱线张力；五是在允许的情况下，两根或两根以上的纱线应当分开穿入直至在导纱器上合并；六是大小结头装置必须在正确的位置，保证机器能顺利进行编织；七是导纱器必须调节至正确的高度以保证顺利编织；八是导纱器在切夹纱装置处的位置必须设置正确，否则切夹纱装置易被损坏；九是纱架上除了放置必要的纱筒外，不要放置多余的纱筒及其他物品，更不能放置金属物品，避免在开机时由于机械振动使纱架上的物品掉到针床或导轨上，造成机器严重损坏。

7. 检查和调节编织参数

（1）机速的检查和调节：机器速度是指机头在单位时间内（每秒）走过的距离，设置机速的步骤如下：

① 在"主菜单"操作界面中点击 ![机速] "机速"按钮，调出机速调整窗口，如图1-12所示；

② 确定要修改的速度段数，在表格区域内输入速度；

③ 确定输入；

④ 返回"主菜单"。

在机速窗口中，"普通编织速度MSEC"表示使用普通导纱器时机器当前编织的速度。"嵌花编织速度MSECI"表示使用嵌花

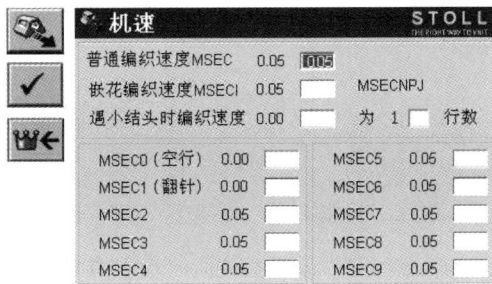

图1-12 机速窗口

导纱器时机器当前的编织速度。"遇小结头时编织速度"表示小结头探测器探测到小结头时机器的编织速度，纱线在小结头处易断裂，所以小结头机速一般设置得比正常的编织速度慢，同时在后面的行数表示遇小结头时慢速编织的行数。"MSEC0（空行）"表示空行运行时的速度，以间接速度MSEC0表示。"MSEC1（翻针）"表示翻针行的速度，以间接速度MSEC1表示。"MSEC2"至"MSEC9"表示机器编织行机速，以间接速度MSEC2至MSEC9表示。

（2）线圈密度（线圈长度）的检查和调节：电脑横机的线圈密度由密度马达（步进马达）控制，用NPn表示，当NP变化时，步进马达也随之转动。NP值决定织物的密度，NP值越大，线圈长度越大，织物的密度越小，织物越松；反之NP值越小，线圈长度也越小，织物密度越大，织物越紧。设置线圈密度（线圈长度）的步骤如下：

① 在"主菜单"操作界面中点击 🖼 "线圈长度"功能按钮，调出"线圈长度"窗口，如图1-13所示；

② 设置密度输入单位（NP值还是线圈长度数值），建议使用NP数值输入；

③ 点击线圈长度值的输入区域，输入NP数值或者线圈长度数值（mm）；

图1-13 线圈长度窗口

④ 确定输入；

⑤ 返回"主菜单"。

在线圈长度窗口中，"NP1"表示罗纹起始行密度段。"NP2"表示罗纹空转密度段。"NP3"表示罗纹处密度段。"NP4"表示罗纹转换到大身编织时密度段。"NP25"表示起头弹力纱密度段。"NP20-NP24"表示保护纱密度段。"NP value"表示将密度的NP值转化成以"毫米"为单位的线圈长度值。"NPK"表示将程序中用到的所有NP数值增加或者减少方框中设定的数值。

（3）牵拉值的检查与调节：织物在编织过程中的牵拉力由两部分组成，一部分是编织过程中的牵拉力（WM或WMN），另一部分是机头在折返点时的预张力（WMI）。牵拉值的大小跟很多因素有关，如起针宽度、针距、结构、纱线性能等，在具体的编织过程中，视具体情况而定。设置牵拉值的步骤如下：

① 在"主菜单"操作界面中点击 🖼 "牵拉"功能按钮，调出"牵拉"窗口；

② 通过"辅助功能键"调出"WMF菜单"窗口，如图1-14所示；

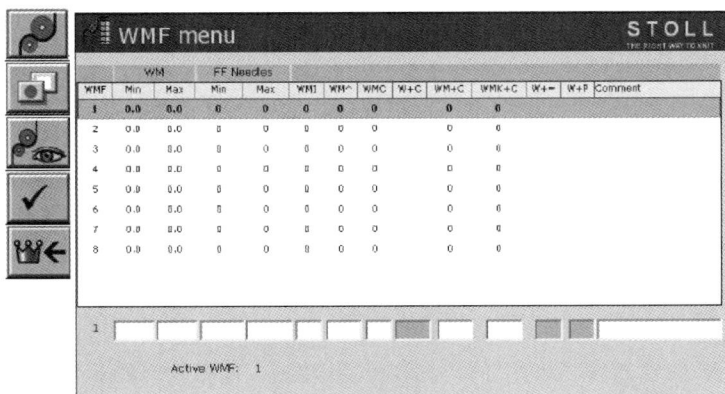

图1-14 牵拉力窗口

③ 输入调整值；

④ 确认输入；

⑤ 返回"主菜单"。

在牵拉力窗口中，"WMF"表示当前编织织物的牵拉作用索引段数（n为0~8），如在编织时，使用牵拉索引段数1中的牵拉内容；在翻针时，通常使用牵拉索引段数2中的牵拉内容。"Wmin\Wmax"表示最小/最大牵拉和相应排针设定在一定范围内的牵拉变化。当针织物的起针数不同于衣片结束时的织针数时，应该对织针的数据进行更精密的设置。

8. 运行程序

在主界面菜单上点击 "启动机器"按钮，调出启动机器窗口，如图1-15所示，再点击"1行上的SP"或"从某行开始运行程序"，程序将自动运行到含有START程序命令的行位置；然后查看"机器显示状态灯"，若为绿灯，则上抬"机头操作手杠"开始编织，若为红灯，

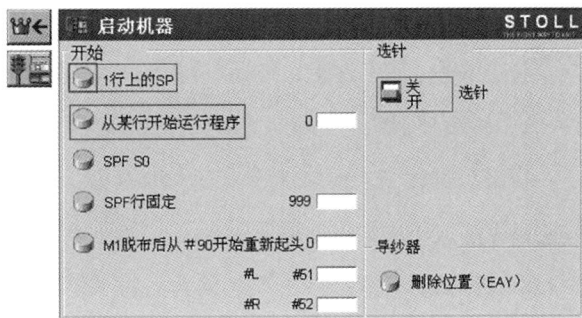

图1-15 启动机器窗口

须按提示解除故障等显示灯转为绿灯后再启动。

9. 程序编织结束

当程序编织结束时，机器将自动停止。若织片在牵拉梳上，点击触摸屏主菜单上的

▦"起针梳"按钮，调出牵拉梳窗口，执行"牵拉梳基准运动"功能，然后打开牵拉梳挡板取出织片；若织片不在牵拉梳上，则轻抬"机头操作手杠"，织片会自动从牵拉辊上掉落。

若织片在编织过程中出现问题而无法继续编织时，需要停止编织，将织片从机器上取下来，称为刷片。刷片方法如下：

（1）检查机头方向，确保机头方向是从左向右；同时检查针床横移位置，确保其处于初始位置；

（2）下压"机头操作手杠"停止机器运行；

（3）点击启动机器窗口中的"1行上的SP"按钮或"从某行开始运行程序"按钮；

（4）上抬"机头操作手杠"，运行机器，机器将编织区域内的导纱器带出编织区域并执行夹纱动作，然后编织系统在整个针床上执行脱圈编织动作；

（5）当牵拉梳下降且挡板关闭时，停止机器运行，并确保机器的机头方向从左向右。同时取出织片，清理完挡板上的纱线。

（三）电脑横机自停功能

自动停机是机器自我保护和安全生产的重要功能，Stoll电脑横机拥有很多的自停功能。常见的自停功能和出现自停的解决办法主要有以下几种：

1. 断纱自停

在编织的过程中，如果发生断纱或纱线用完的现象，机器会自停，主要有顶部纱线控制装置自停和侧张力弹簧自停。自停后，机器触摸屏会弹出故障窗口。

解决办法：重新穿上纱线后，确认故障排除，重新运行机器。

2. 大结头自停

在编织过程中，如果纱线中有大的结头，机器通过顶部纱线控制装置的大结头探测器检测自停。自停后，机器触摸屏上显示故障窗口。

解决办法：清除纱线上的大结头，将大结头探测器复位，确认故障排除，然后重新运行机器。

3. 保护盖打开自停

在编织过程中，如果打开机器的保护盖，机器自停，此时可以通过手动握持"机头操作手杠"让机器运行，但是如果松开握持，机器还会自动停机。

解决办法：关好机器的保护盖后，确认故障排除，机器可继续运行。

4. 探针自停

在编织过程中，由于某些原因（如织针损坏），织物可能无法向下牵拉，堆积在针床口。机头上的探针碰到针床口的织物，机器会自停。

解决办法：清除堆积在针床口的织物，确认故障排除。

5. 撞针自停

在机器的针床下面，有撞针的感应器，当机器发生撞针时，针床受到撞击，机器会自停。发生撞针自停后，在没有解决撞针故障前千万不要重新启动机器，否则可能损害织针、三角或机头等。

解决办法：查明撞针的原因，更换织针，清洁针床上的碎片；然后确认故障排除，重新开启机器。

6. 积极送纱装置绕纱自停

当纱线缠绕在积极送纱装置上时，机器会自停。

解决办法：清洁积极送纱装置上缠绕的纱线，确认故障排除。

7. 侧门打开自停

在编织过程中，当机器侧门打开时，机器会自停。

解决办法：重新关好侧门，确认故障排除。

8. 牵拉梳挡板（保护盖）打开自停

当牵拉梳的保护盖被打开时，机器会自停。

解决办法：盖好牵拉梳保护盖，确认故障排除。

9. 牵拉梳马达转动太快或太慢自停

在编织过程中，如果牵拉值太大或太小，机器会自停。

解决办法：修改牵拉值到合适的大小或降低探测器的灵敏度，确认故障排除。

思考与练习：

1. 电脑横机具有什么特点？

2. CMS 530 MG 表示什么含义？

3. 简述电脑横机上机基本操作流程。

4. 当电脑横机编织出现问题时，如何刷片？简单说明刷片过程。

5. 编织过程中出现自停故障如何解决？

第二章
电脑横机花型设计系统

──────

本章知识点：

1. 电脑横机花型设计系统的基本结构。

2. 电脑横机花型设计系统功能菜单的使用。

3. 电脑横机上机程序的设计与制作。

每一个品牌电脑横机均有专门的花型设计系统，Stoll电脑横机专用花型设计软件M1plus拥有丰富的花型设计模板，在设计过程中三个视图可相互联动变化，为花型设计提供了便利。

第一节　花型设计系统的基本结构与功能

一、功能菜单的基本结构

Stoll电脑横机对应的花型设计系统为M1plus花型设计软件，其功能菜单如图2-1所示，主要由织物视图、工艺视图、标志视图、菜单栏和工具栏构成。

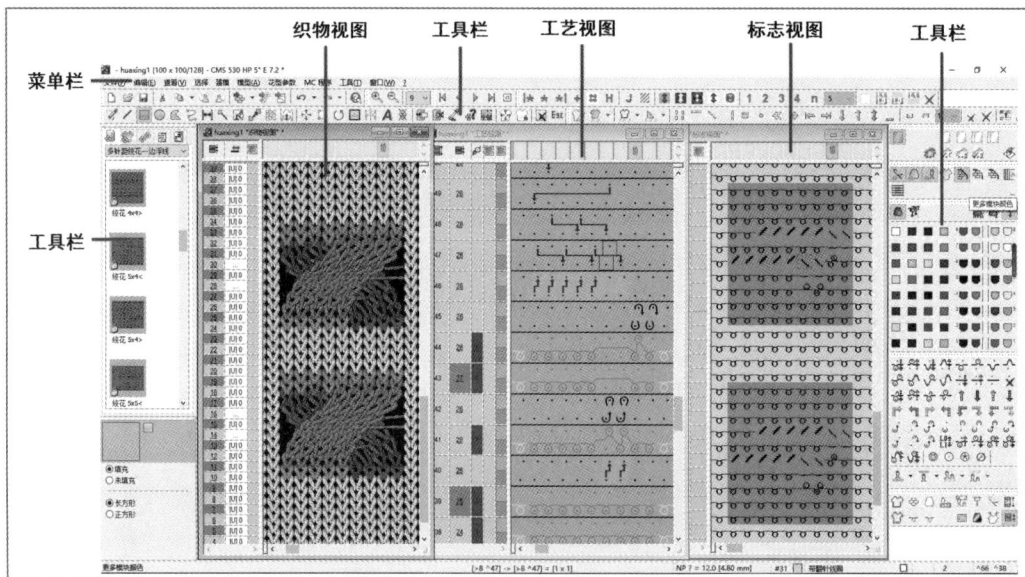

图2-1　M1plus花型设计软件功能菜单

（一）工具栏排列

打开M1plus花型设计软件，在右边工具栏处点右键，可对工具栏是否显示进行选择；双击每个工具栏，工具栏可变成活动框，点击鼠标左键可随意进行移动，对工具栏按自身要求进行排列；排列完成后可点击鼠标右键，选择"保存工具栏排列"，对排列好的工具栏进行保存，如图2-2所示。若下次进入花型设计软件，工具栏没有按保存好的工具栏显示，可点击鼠标右键，选择"调用工具栏排列"，则会显示排列好的工具栏；若选择"调用工具栏初始排列"，则会回到系统默认的最初状态。

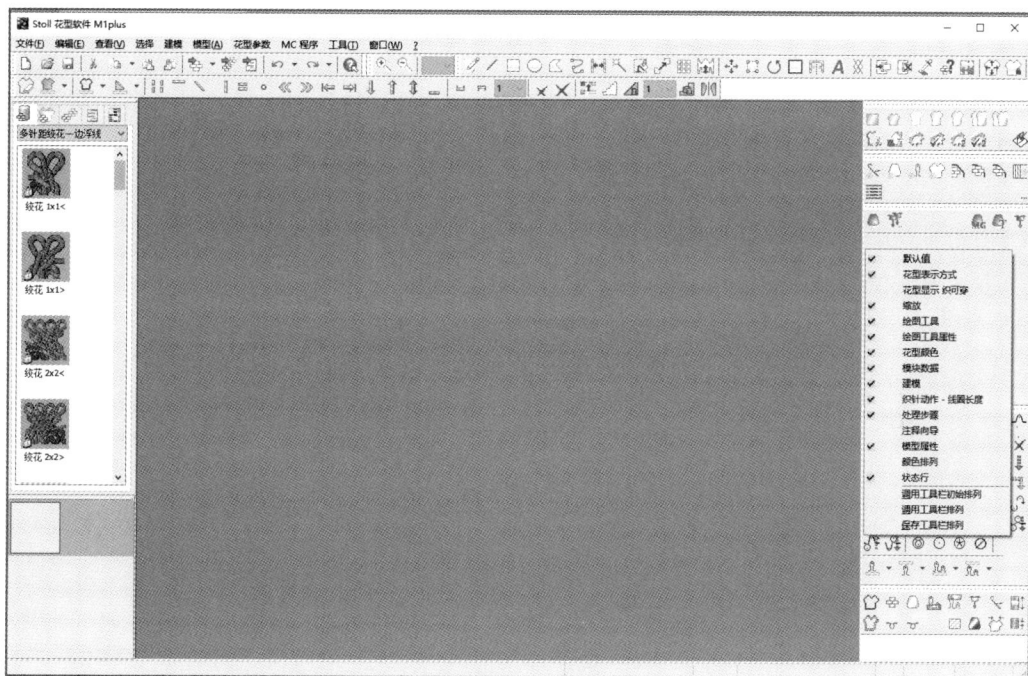

图2-2　工具栏排列

（二）视图显示

选择菜单栏中的"工具"，显示下拉菜单，点击"程序设置"，出现如图2-3所示的界面，点击"调入"，在"工艺花型"下方可进行选择，若把"标志视图""织物视图""工艺视图"均打钩，则会在打开新花型时自动显示三个视图。

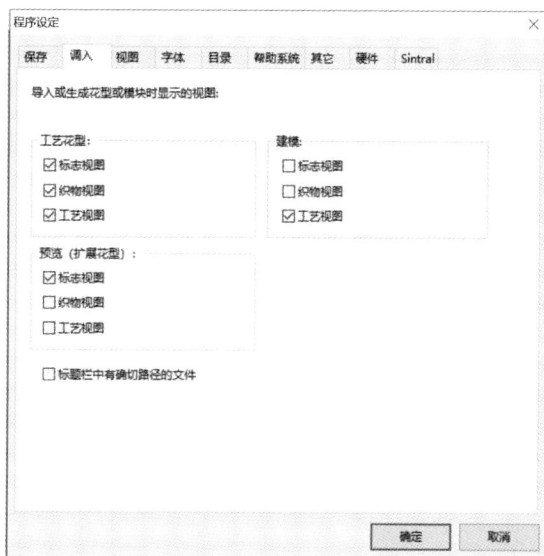

图2-3　视图显示设置

二、功能菜单的具体介绍

（一）织物视图

织物视图即为所编织花型的线圈结构图，如图2-4所示，可显示不同结构单元的线圈，如正面线圈、反面线圈、集圈悬弧、浮线、绞花和阿兰花等，同时还可以显示织物的背面视图，直观地模拟织物正反面的外观效果，有利于进行花型设计。

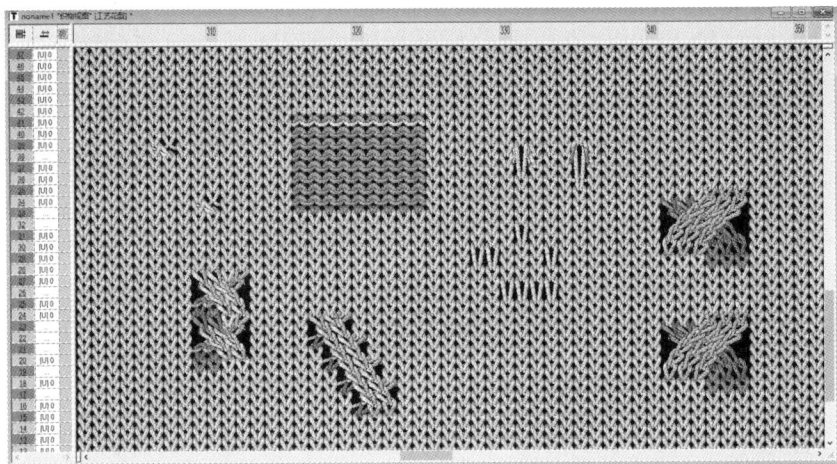

（a）正面

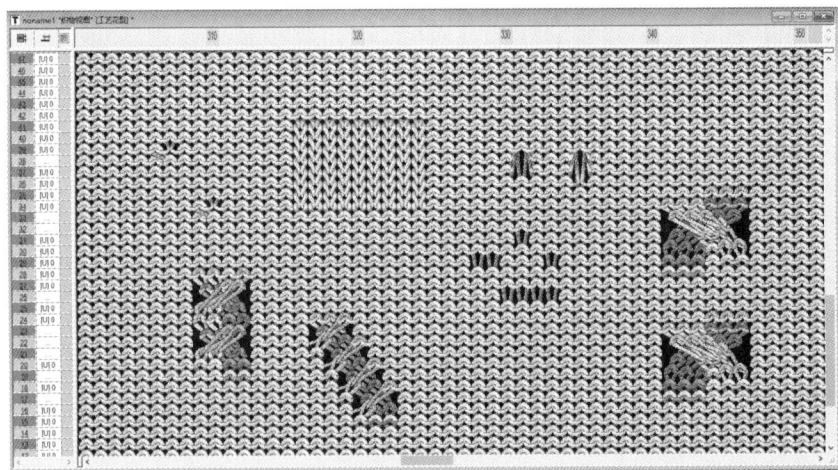

（b）背面

图2-4　织物视图

在织物视图中，还可以通过点击鼠标右键，选择"展开"功能，会呈现拉伸状态下的线圈，如图2-5所示为展开状态下的织物视图，更加清晰地展示了各线圈之间的连接。

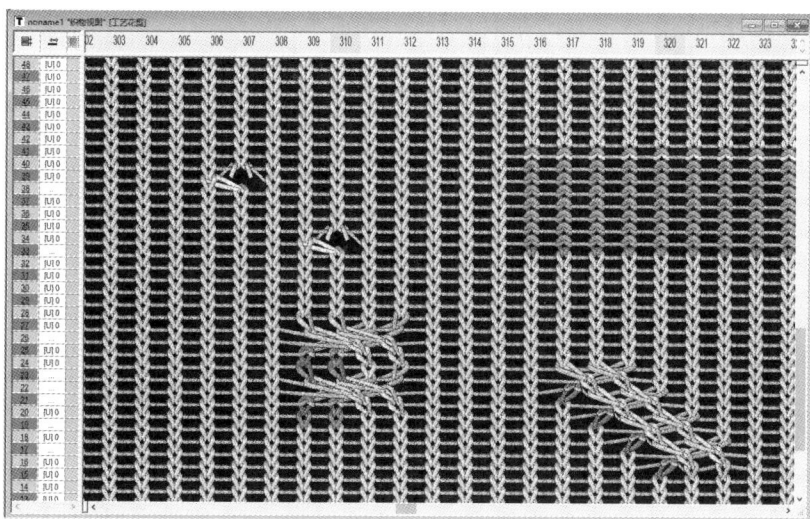

图2-5 展开状态织物视图

（二）工艺视图

工艺视图即为花型的编织图，如图2-6所示，显示花型中的织针动作，如成圈、集圈、不编织、翻针及针床对位状态等，清晰地展示了花型编织过程中每一个工艺行的编织情况。同时，在此区域内点右键可显示织针占有情况，从而方便查看是否有挂针现象。该视图中还可根据需要选择显示相应的编织参数，如工艺行、花型行、线圈长度、机速、织物牵拉、循环等，并进行修改和设置。

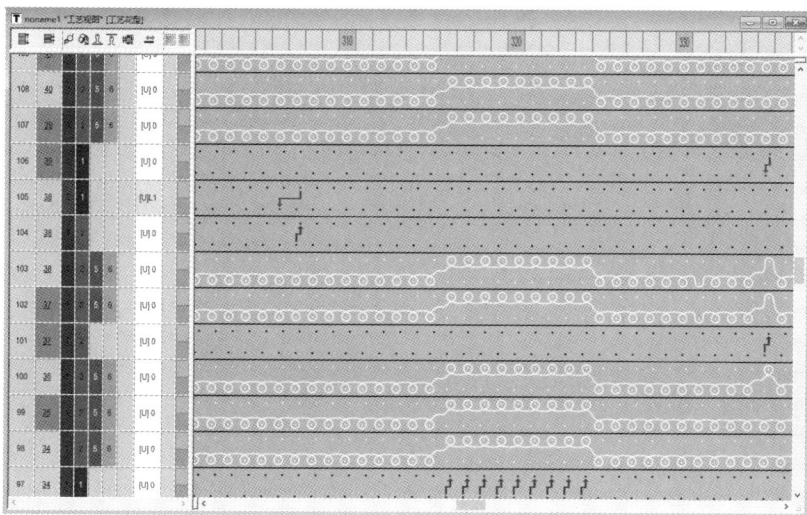

图2-6 工艺视图

电脑横机的基本针床对位方式主要有三种，分别为U位、#位和N位（图2-7）。

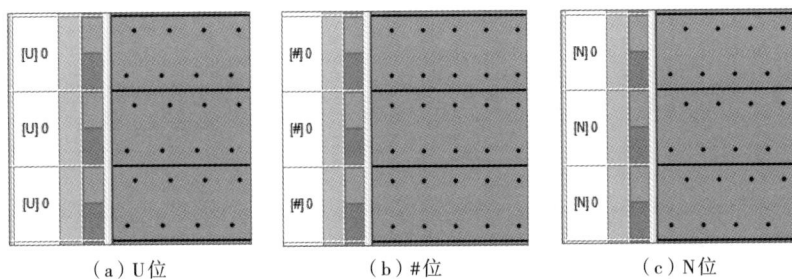

|（a）U位 | （b）#位 | （c）N位 |

图2-7　基本针床对位

U位为翻针位，前后针床织针相差1/4个针距，一般系统默认为翻针位。#位为针床相对位，前后针床织针相对排列。N位为针床相错位，前后针床织针相差1/2个针距。

除了基本的三个针床对位方式外，在进行织物设计时，可根据不同组织设计的需要，进行针床对位的调整，如图2-8所示，选择"L2"，代表后针床向左横移两个针距，"R1"代表后针床向右横移一个针距。

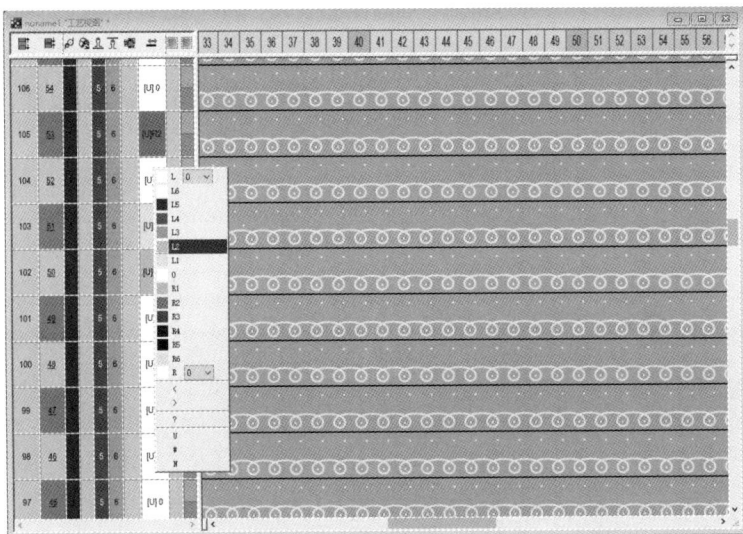

图2-8　针床对位调整

（三）标志视图

标志视图即为所编织花型的意匠图，如图2-9所示，也称为符号视图，用特定的符号来表示各部段编织的花型。标志视图一般有两种显示模式，一是以"模块颜色为背景"显示，如图2-9（a）所示，不同颜色的色块表示不同花型模块，如阿兰花花型用红色表示，浮线用白色表示等；二是以"纱线颜色或导纱器颜色作为背景"显示，如图2-9（b）所示，不同花型虽用不同符号表示，但颜色一致，而不同色块代表的是采用不同颜色的纱线来编织。因此，在进行花型设计时，如果设计的主要是结构上的花纹，如挑孔等，那么可选择在以"模块颜色为背景"的标志视图中进行；如果设计的主要是色彩上的图案，如提花图案等，那么可选择在以"纱线颜色或导纱器颜色作为背景"的标志视图中进行。无论是选择以"模块颜色为背景"的标志视图，还是选择以"纱线颜色或导纱器颜色作为背景"的标志视图，设计的织物是一样的，只不过显示状态会有所不同。

（a）模块颜色为背景

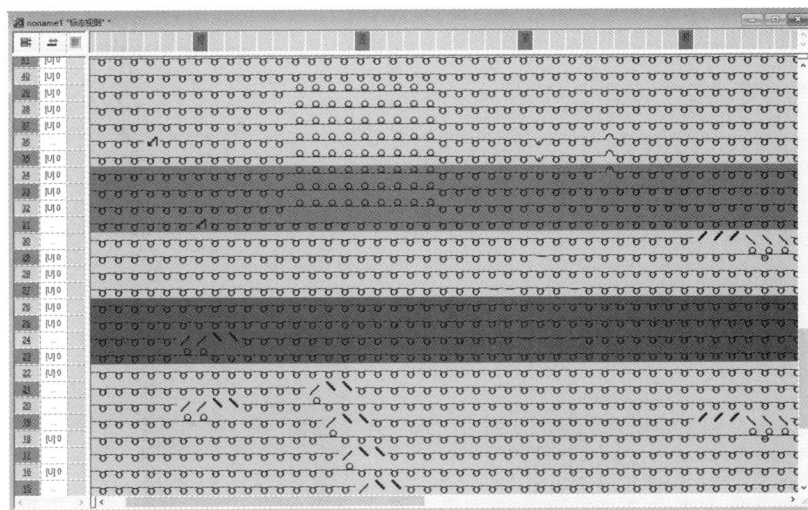

（b）纱线颜色或导纱器颜色作为背景

图2-9 标志视图

（四）菜单栏

菜单栏包含文件、编辑、查看、建模、花型参数等常用的命令菜单及该系统一些专用的菜单项。

1. 文件菜单项

如图2-10所示为文件菜单项，不仅有常见的"打开""保存"花型的功能，还可建立"新花型""新模型"，也可以选择"导入"来制作新的提花图案；选择"将织物或符号视图另存为图片"，可将设计花型进行保存。

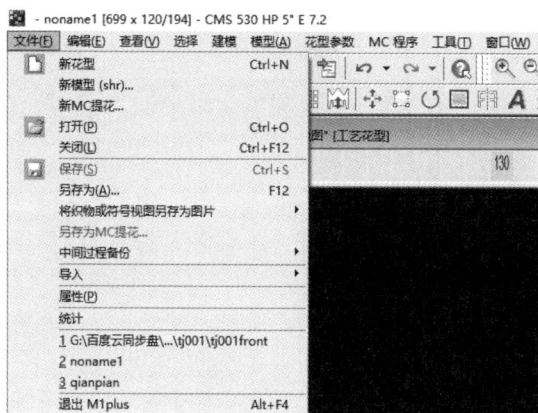

图2-10　文件菜单项

2. 编辑菜单项

编辑菜单项如图2-11所示，有常用的"复制""剪切""粘贴""对称插入""寻找和替换"等功能。除此之外，在编织程序设计与制作过程中还有另外两个常用的功能选项：一

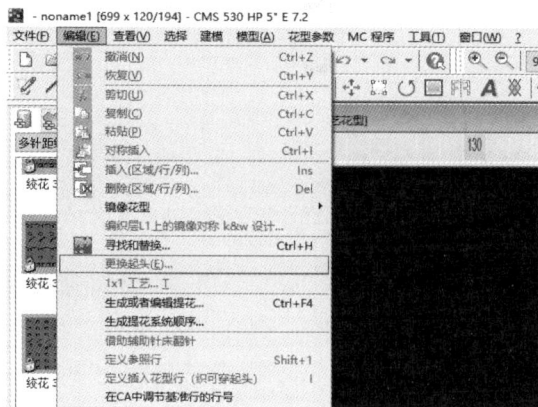

图2-11　编辑菜单项

是"更换起头"选项，在设计花型过程中，为了方便最小设计单元的复制和填充，一般创建新花型时不加起头罗纹部分，而是在花型设计完成后通过编辑菜单项中的"更换起头"选项把起头罗纹部分添加上；二是"生成或者编辑提花"选项，主要用于各类提花组织的设计与编辑。

3. 查看菜单项

打开三个新的视图是查看菜单项中最常用的功能选项（图2-12），如在新花型设计过程中，打开了织物视图和标志视图，但没有打开工艺视图，则可通过"查看"菜单项下的"打开新的工艺视图"来进行查看。

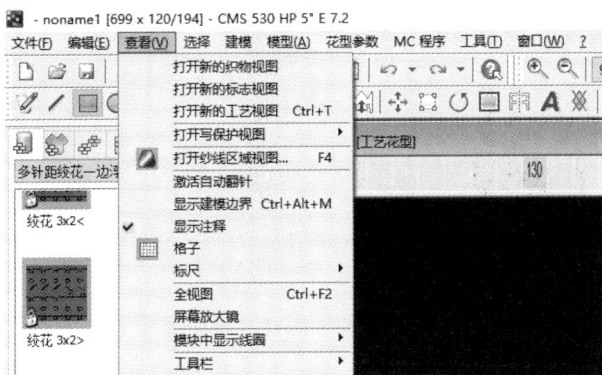

图2-12 查看菜单项

4. 建模菜单项

建模菜单项（图2-13）的数据库模块管理器中，有很多系统自带的模块，如提花模块、起头模块、各类花型模块等，可根据需要对模块进行修改；也可将常用的花型模块如"拷针元素""PE-提花"等拉到收藏夹中，从而方便使用。

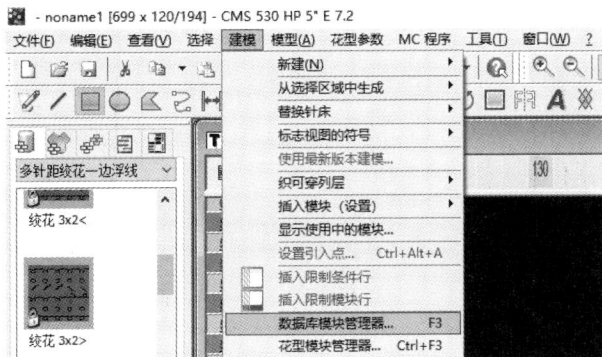

图2-13 建模菜单项

5. 模型菜单项

模型菜单项（图2-14）主要用于衣片模型的生成和编辑，有"模型编辑器""打开和定位模型""重新导入模型""移除模型"等选项。

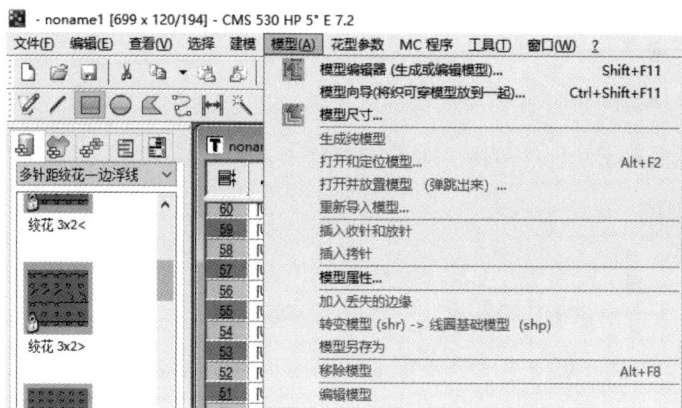

图2-14　模型菜单项

6. 花型参数菜单项

图2-15为花型参数菜单项，包括花型参数的设置、机器和机号的变更等，编织参数如线圈长度、织物牵拉、机速和循环等也可由此进入修改和设置，同时也可以进行花型总参数的修改。

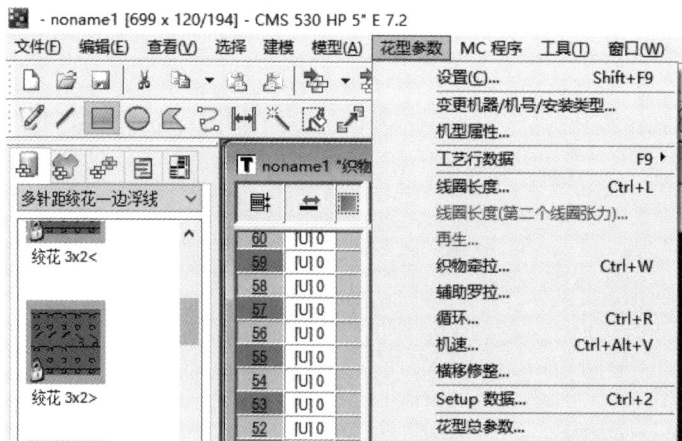

图2-15　花型参数菜单项

7. MC程序菜单项

图2-16为MC程序菜单项，主要功能为生成MC程序，对MC程序执行Sintral检验，并

导出上机所需的JAC、SIN、SET三个文件等。

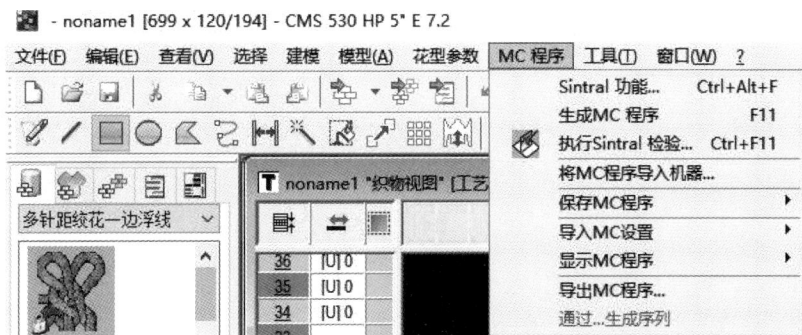

图2-16　MC程序菜单项

（五）工具栏

图2-17为花型设计及上机编织程序制作时常用的一些工具，包括默认值、绘图工具、花型显示、模块数据、运行步骤、织针动作—线圈长度、花型颜色、模块、工具属性、模型属性等。

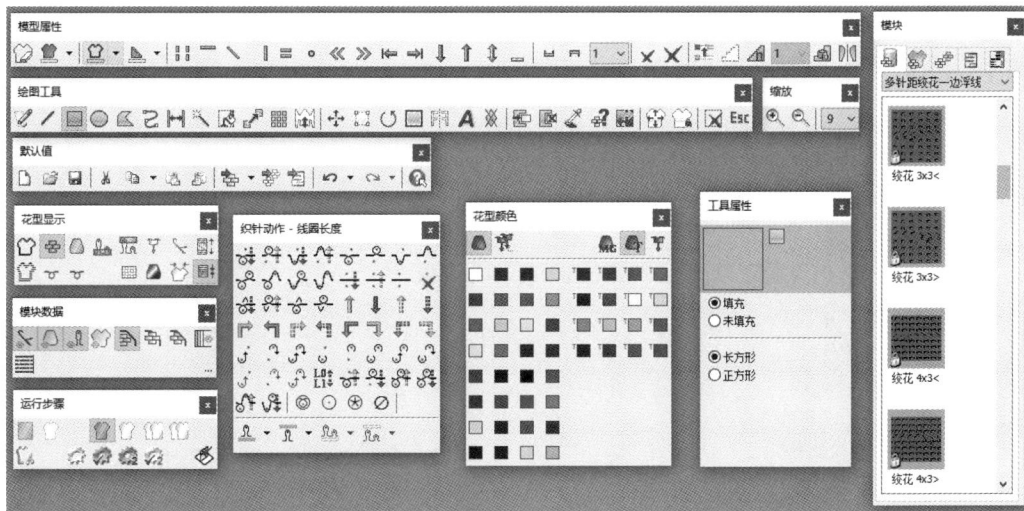

图2-17　工具栏

1. 默认值

默认值均为常见的工具，如新花型、打开、保存、剪切、复制、撤销操作等。

点击"新花型"，出现如图2-18所示的界面。该界面包括下列内容：

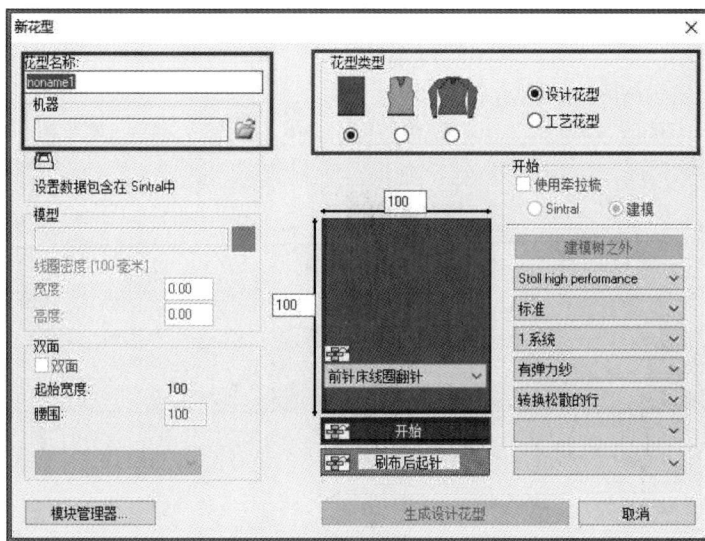

图2-18　新花型

（1）花型名称、机器和花型类型设置：花型名称的输入可以由英文字母、数字等组成。

在进行花型设计时要根据纱线类型和织物风格确定编织机器的类型，首次打开软件机器处为空白，点击红色框中的"打开"按钮，进入机器选择界面，选择"Stoll机器"，可根据所要编织的机器类型进行选择，如图2-19所示，选择机器类型为"CMS 530HP5"，安装

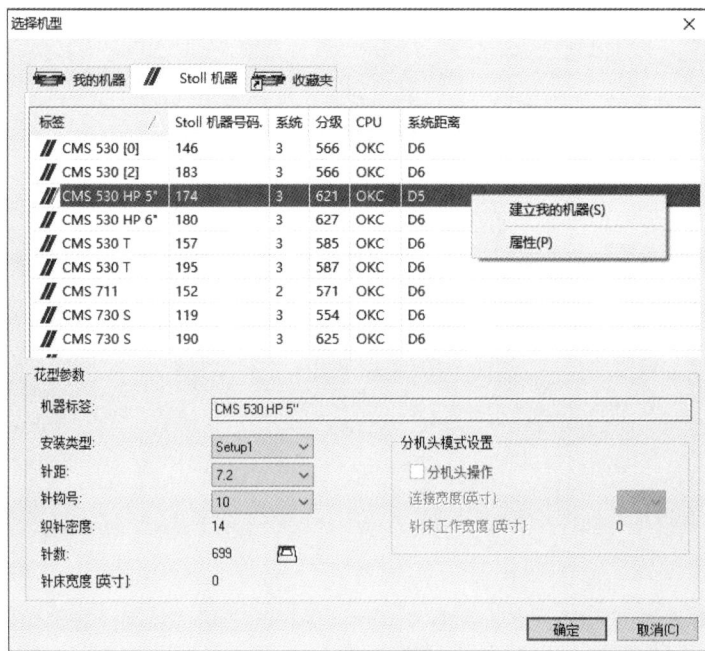

图2-19　机器选择

类型选择"Setup1"，针距选择"7.2"，针钩号会自动显示为"10"，最后点击"确定"。因"Stoll机器"中机器较多，为了操作方便，也可把常用机器添加到"我的机器"中，方法为选中相应机器类型后点击鼠标右键，选择"建立我的机器"添加常用机器。

花型类型在默认选择的基础上，将"设计花型"改为"工艺花型"，以便在设计时可以清晰地查看花型的工艺编织过程。

（2）花型尺寸和底组织设置：设计新花型时，要确定花型的尺寸和底组织的类型（图2-20），横向尺寸100为新花型的花宽尺寸，即花型纵行数，纵向尺寸120为新花型的花高尺寸，即横列数，一般情况下，花高尺寸为偶数。

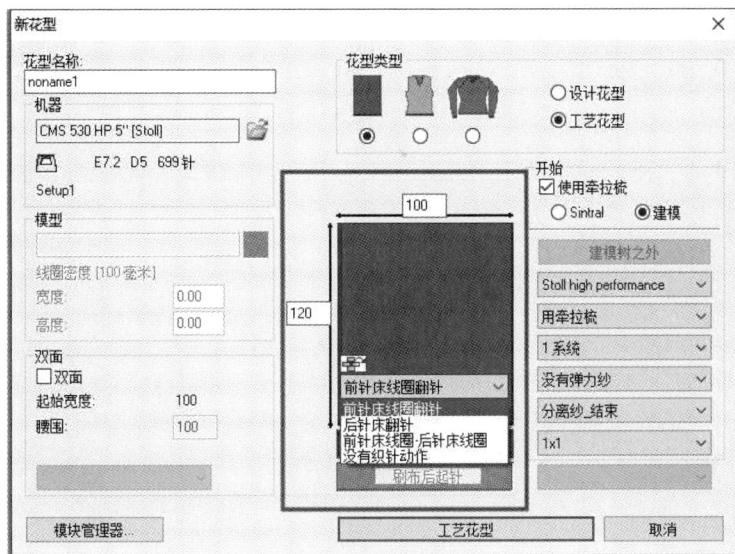

图2-20 开针尺寸和底组织

新花型地组织（基本组织）的选择有四种，若选择"前针床线圈翻针"，则地组织显示为单面纬平针的正面；若选择"后针床翻针"，则地组织显示为单面纬平针的反面；若选择"前针床线圈-后针床线圈"，则地组织显示为满针罗纹；若选择"没有织针动作"，则地组织只显示有织针，没有线圈。

在设计新花型时，可以根据需要设定花宽尺寸、花高尺寸和地组织类型，当然在花型设计过程中，也可以通过插入行和插入列的方式修改花型尺寸。

（3）起头模块设置：M1plus花型设计软件中带有起头模块，起头模块编织包括牵拉梳纱编织、起头废纱的编织、分离纱的编织及罗纹段的编织，其设置如图2-21所示。若选用的电脑横机机型带有牵拉梳，则在"使用牵拉梳"处打钩，并选择"建模"。

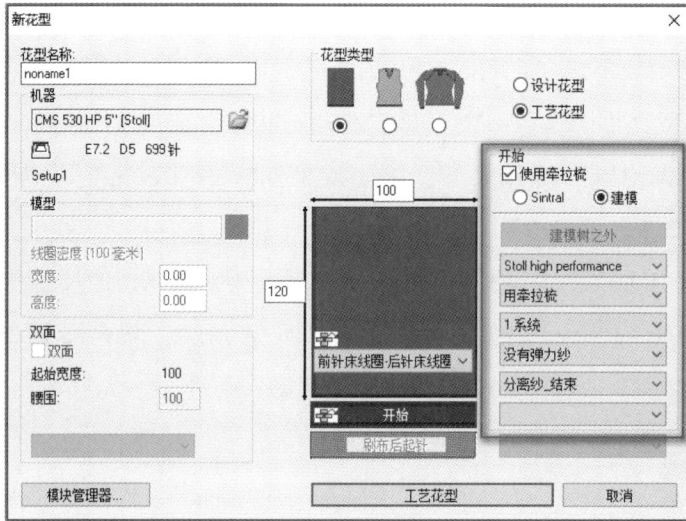

图2-21　起头模块

其余设置如图2-22所示。

图2-22　起头模块具体选项

A处有三个选项，"Stoll high performance"为高效起头模式，"Stoll Standard"为标准起头模式，两种均为系统自带起头模式，相比较而言"Stoll high performance"废纱编织行较少，编织效率更快。"私人的"则为自制起头模块，可根据需要自行设计。

B处分为"用牵拉梳"（标准满针）和"多针距—1×1—工艺"。

C处分为"1系统"和"2系统"，代表编织起头模块时采用的系统数，即"1系统"代表1把导纱器编织起头罗纹部分，"2系统"代表2把导纱器编织起头罗纹部分。

D处分为"没有弹力纱"和"有弹力纱"，表示有无弹力纱线参与编织罗纹，"有弹力纱"编织可有效解决罗纹喇叭口问题。

E处分为"转换松散的行""转换双面"和"分离纱-结束"。在织物编织过程中，为了保证编织的顺利进行，罗纹部分和正式编织部分需要有过渡行，"转换松散的行"用于向单面组织的过渡，"转换双面"用于向双面组织的过渡，"分离纱结束"表示正式编织前被分离纱分开，抽掉后将没有罗纹。

F处有多个选项，如"1×1""2×1""2×2""空转"等，代表起头罗纹的种类。

2. 花型颜色

花型颜色如图2-23所示，包括纱线颜色（默认）、纱线颜色（添纱）、纱线颜色（多针距）、纱线颜色（工艺）、导纱器颜色。纱线颜色（默认）中每种颜色代表一种纱线，每种

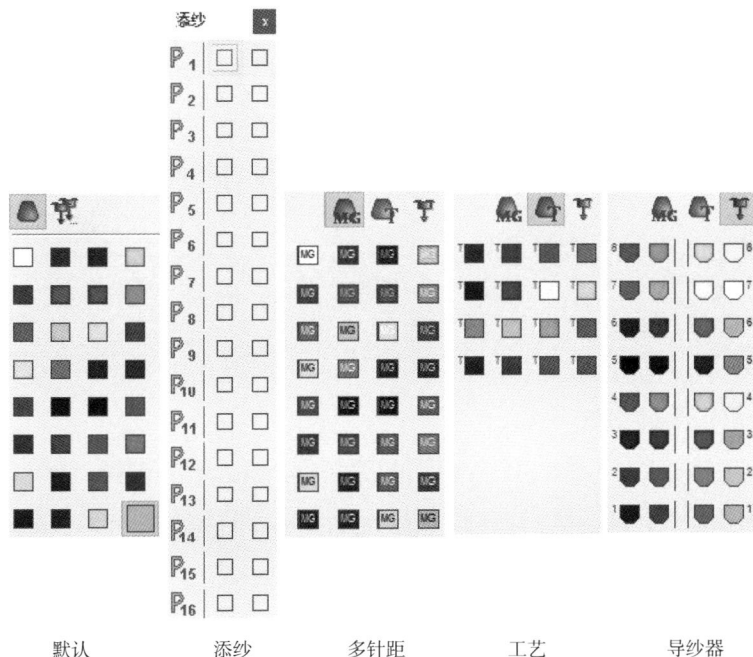

图2-23 花型颜色

颜色都赋予了一个色号，一般情况下，在花型设计时使用这些颜色来绘制花型；纱线颜色（添纱）一般用于设计添纱组织；纱线颜色（多针距）为变针距时粗纱使用的颜色，图标上显示有"MG"字母；纱线颜色（工艺）旁边标有字母"T"，主要用于起头罗纹纱、分离纱和牵拉梳纱等建模的绘制；导纱器颜色有四纵列，每个颜色旁边有数字，数字代表安装导纱器的位置，左边两列代表在左侧穿纱的导纱器，右边两列代表在右边穿纱的导纱器，例如用右边第4列绿色绘制花型后，编织该色块的导纱器会自动放置在右4位置的导纱器上。这里的颜色只是一个代号，在编织时可根据需要自主选择纱线颜色进行编织。

3. 模块和模块数据

模块（图2-24）分为数据库模块、本地模块和花型元素等。数据库模块为M1plus系统自带的数据库，有多针距绞花、阿兰花、挑孔、拷针元素、提花等多种花型模块；本地模块和花型元素为自由设计制作保存的模块和花型。模块数据为模块应用选项，主要包括应用织针动作、应用颜色、应用线圈长度和应用模块数据。

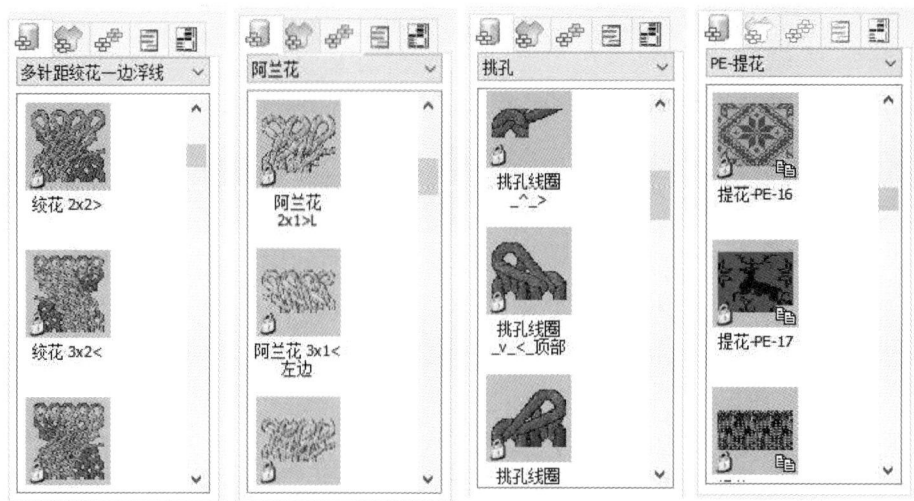

图2-24 模块

4. 织针动作-线圈长度

"织针动作-线圈长度"（图2-25）中具有成圈、集圈、浮线、脱圈、翻针等多种织针动作，在设计花型时可直接应用。这里特别要注意的是带有翻针符号和不带有翻针符号的织针动作的区别，如 ![icon] 为带有翻针符号的前针床成圈线圈， ![icon] 为没有翻针符号的前针床成圈线圈，如图2-26所示。在进行两行罗纹编织后，若采用带有翻针符号的前针床成圈线圈编织，则系统会自动先把后针床线圈翻针移至前针床，然后进行前针床线圈的编织；若采用没有翻针符号的前针床成圈线圈编织，则系统不会自动进行翻针，在前针床进行成圈编织时，后针床线圈依旧挂在后针床织针上，这样容易造成挂针。因此，在进行花型设计时，除了一些特殊组织外，一般情况下建议使用带有翻针符号的织针动作。

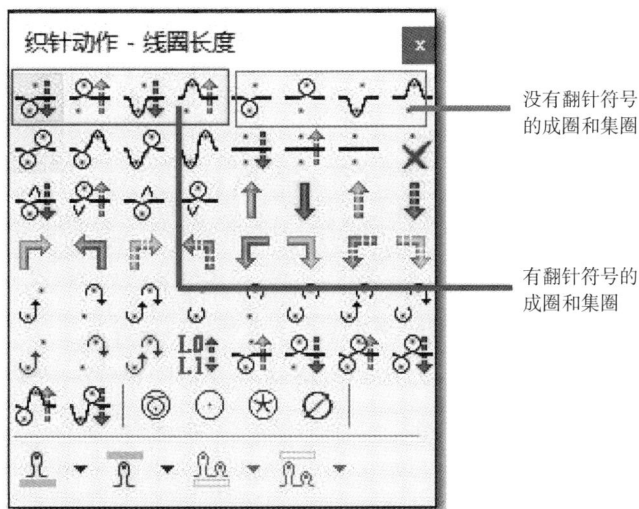

图2-25 织针动作-线圈长度

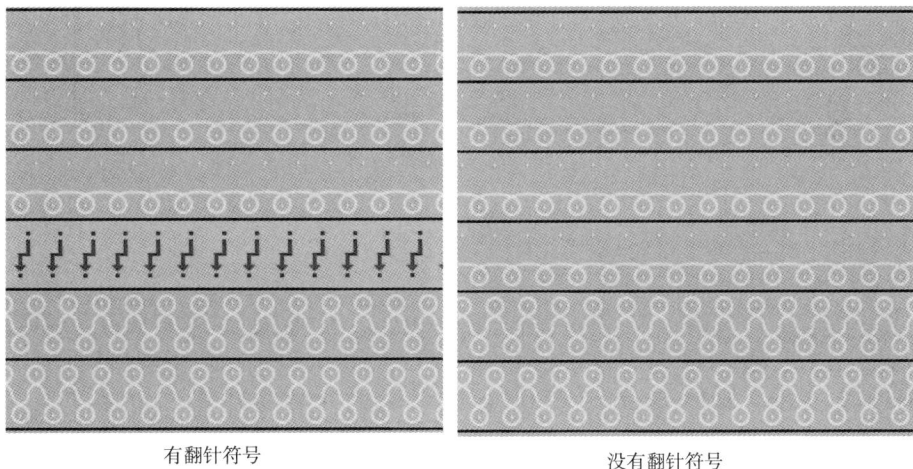

有翻针符号　　　　　　　　　没有翻针符号

图2-26 织针动作比较

5. 绘图工具和工具属性

绘图工具（图2-27）有"画笔""直线""长方形/正方形""多边形""魔术棒填充""区域填充""插入边框""插入区域或选针""查找和替换""取消光标功能"等。使用绘图工具时必须搭配花型颜色或织针动作，并在工具属性中选择相应属性。

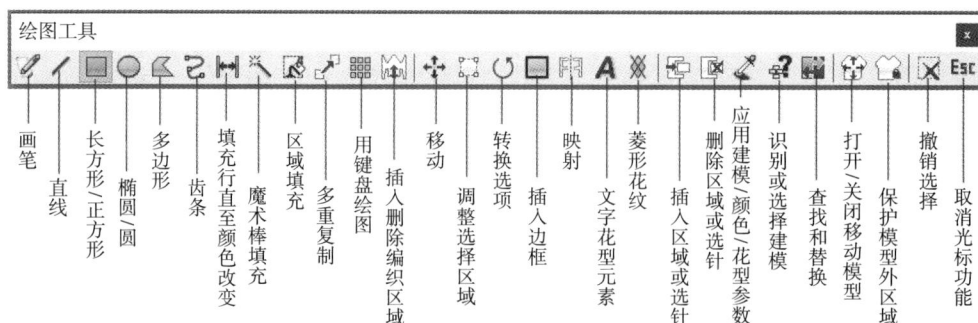

图2-27 绘图工具

常用绘图工具如下：

直线：可以随意绘制直线，也可以设定角度绘制垂直线或45°角斜线等。

长方形/正方形：可以绘制实心长方形或正方形，也可以绘制空心长方形或正方形。

椭圆/圆：可以绘制实心椭圆或圆，也可以绘制空心椭圆或圆。

多边形：点击左键开始绘制，双击左键结束，可绘制多边形图案。

魔术棒填充：若单独使用魔术棒，则起到选定区域的作用；若魔术棒结合颜色或线圈动作使用，则起到填充的作用。

区域填充：把选定的花型结构单元填充到选定的区域中，在花型设计中应用较多。

文字花型元素：用于生成文字或字母图案等，当作花型元素直接应用。

删除区域或选针：相当于"Delete"，删除当前织针的动作。

查找和替换：用于替换花型中的颜色或织针动作，可在整个花型内进行替换，也可在选定区域内进行替换。

取消光标功能：相当于"ESC"，取消当前光标上的颜色或织针动作等。

第二节 上机编织程序的设计与制作

一、电脑横机织物的编织过程

如图2-28所示，为电脑横机一个织物完整的编织过程，分为罗纹起头前编织、罗纹编织、正式编织和安全行编织四个部分。罗纹起头前编织包含牵拉梳纱编织、废纱编织和分离纱编织；罗纹编织包含起头罗纹、空转、正式罗纹编织和罗纹过渡行编织；安全行编织又称为封口废纱编织。一般电脑横机编织一个织物默认是至少要四种纱线，即四把导纱器，分别是牵拉梳纱、废纱（罗纹纱）、分离纱和主纱，其中废纱和罗纹纱为同一种纱线，正式编织和安全行编织均为主纱。结合花型设计实际需要，也为了减少纱线数，即导纱器数量，通常我们对编织程序做优化处理，一是把分离纱编织和废纱编织处统一改为分离纱编织，罗纹编织处改为主纱编织，即和正式编织所用纱线一致；二是修改安全行编织模块，把安全行编织处颜色改为分离纱颜色，并增加安全行编织行数。

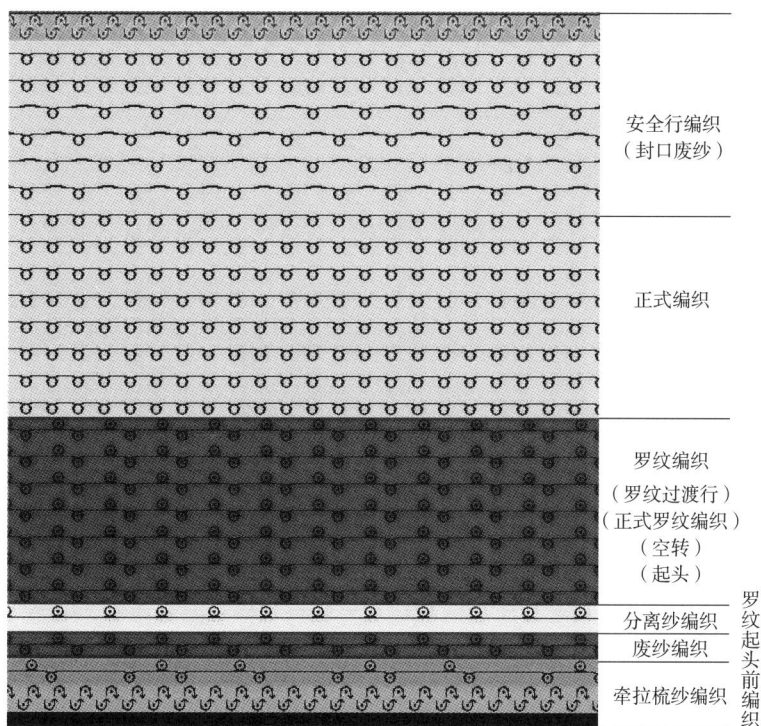

图2-28 电脑横机完整编织过程

安全行模块修改方法如下：

（1）通过菜单栏"建模"—"数据库模块管理器"找到系统自带的安全行模块。系统自带的安全行模块带有保护功能，不能随意修改，因此必须先复制安全行模块，命名为"复制的安全行"，然后在此基础上修改。

（2）打开"复制的安全行"，把所有颜色改为"分离纱"颜色，然后在第一个工艺行上插入四行纬平针线圈编织，保存退出。

由此，织物编织的导纱器降低至3把，可以减少穿纱的时间，提高效率。

二、上机编织程序的制作步骤

（一）创建新花型

点击默认值工具栏中的"新花型"，进入"新花型"设置界面，如图2-29所示，输入花型名称"new pattern"，选择机器"CMS 530 HP 5"E7.2"，输入花宽开针针数90，花高100，选择"工艺花型""建模""Stoll high perforrmance""用牵拉梳""1系统""没有弹力纱""转换松散的行"，点击"工艺花型"，生成"新花型"。特别需要注意的是，一般在新花型设计时，起头模块中最后一个选项即罗纹组织类型选择为"空白"，即先不加起头模块，而是等新花型设计完成后再添加起头模块，这样可以防止起头模块被破坏。

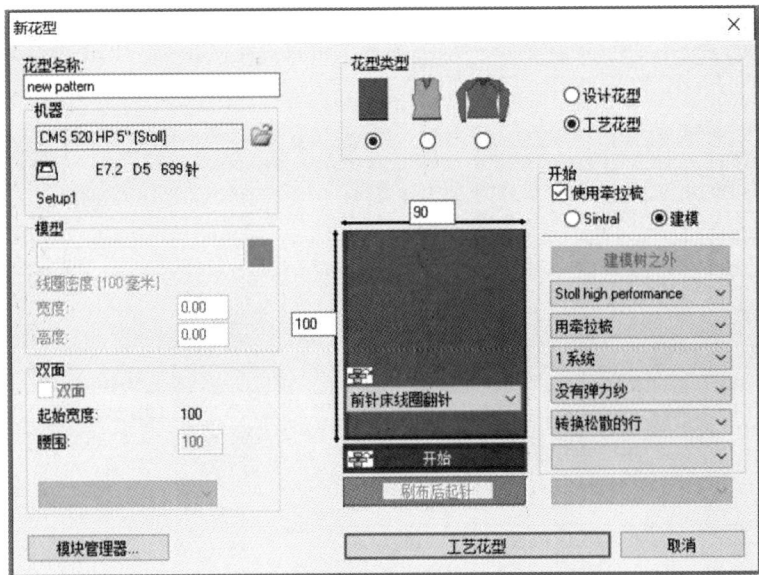

图2-29　创建新花型

（二）设计新花型

在M1plus程序设计系统中，所编织的织物不管是色彩图案还是结构图案都是以图形的方式表示出来的，设计新花型实际上就是进行图形绘制。图形绘制可以在"织物视图"中进行，也可以在"标志视图"或"工艺视图"中进行，三个视图相互联动。在"标志视图"中进行绘制可以保证精确地绘制每一个针位的编织方法，比较容易找准位置；而在"织物视图"中绘制比较直观，对于初学者来说更加简洁明了；在"工艺视图"中绘制可以清晰地看到成圈、翻针等各种织针动作，从而掌握每一步的编织过程。通常情况下，在"标志视图"中进行花型设计，在"织物视图"中查看设计效果，在"工艺视图"中查看编织工艺过程。

花型设计主要步骤如下：

（1）绘制结构图案：选择工具栏"织针动作-线圈长度"中的相应织针动作，结合相应的绘图工具进行线圈结构单元的绘制，包括正面线圈、反面线圈、四平线圈、集圈等；也可选择工具栏"模块"中的"拷针元素"进行设计。若要编织花色组织如绞花、阿兰花、移圈等，可选择"模块"中的相应花型。

（2）绘制色彩图案：选择工具栏"花型颜色"中不同的颜色，结合相应的绘图工具进行花型图案的绘制，"花型颜色"中的每一种颜色都有相应的色号代码。

花型设计时一般先绘制一个最小的完整花型单元，然后用"绘图工具"中"长方形/正方形"选定最小单元，用快捷键"Ctrl+C"复制，"Ctrl+A"选定整个区域，选择"绘图工具"中的"区域填充"，把最小花型单元填充至整个花型，复制完成后要查看左右两边组织及顶部组织是否完整和对称，若没有问题则完成整个花型设计，如图2-30所示为设计的新花型织物视图。

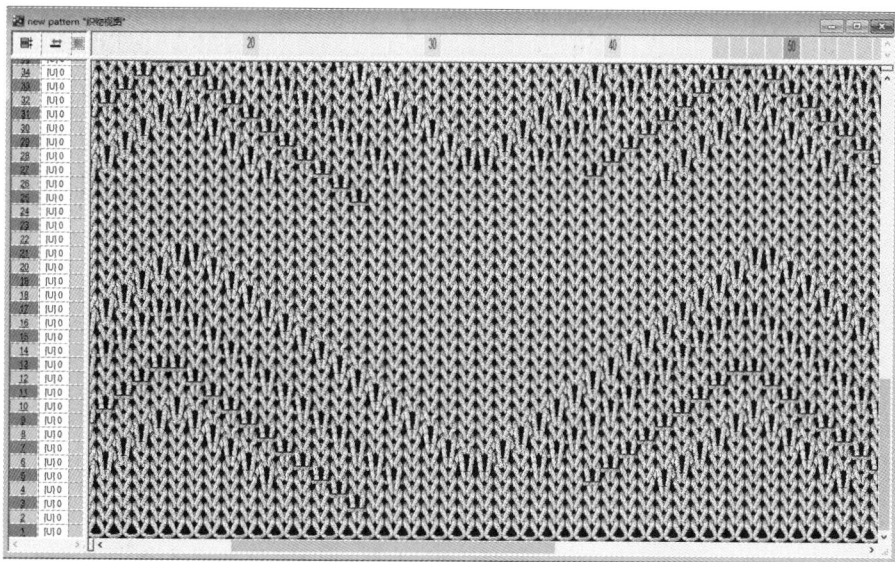

图2-30　新花型织物视图（不含起头罗纹）

（三）添加起头模块

花型设计完成后，添加起头模块。路径为选择菜单栏"编辑"中的"替换起头"，进入替换起头界面，如图2–31所示。

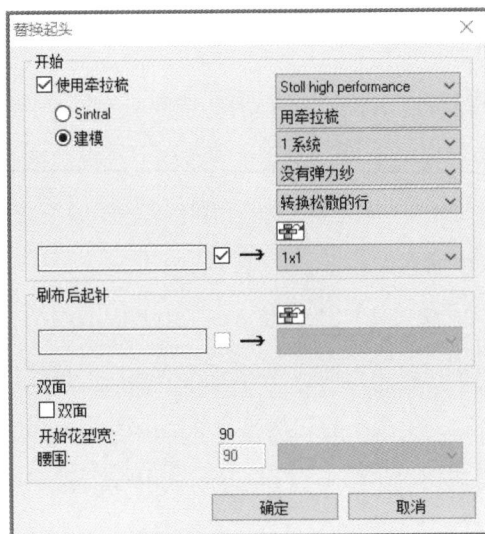

图2-31　替换起头界面

选择"建模"和起头罗纹组织类型如"1×1"后，点击"确定"，图2–32为添加了起头罗纹的新花型织物视图，图2–33为添加了起头罗纹的新花型工艺视图。

加上"起头模块"后，为了减少导纱器的数量，要进行纱线颜色的更换和合并。一是把分离纱及分离纱以下的废纱编织段的所有工艺行的颜色改为分离纱颜色，二是把起口行及以上的罗纹编织段的所有工艺行的颜色改为主纱的颜色，修改后如图2–34所示。

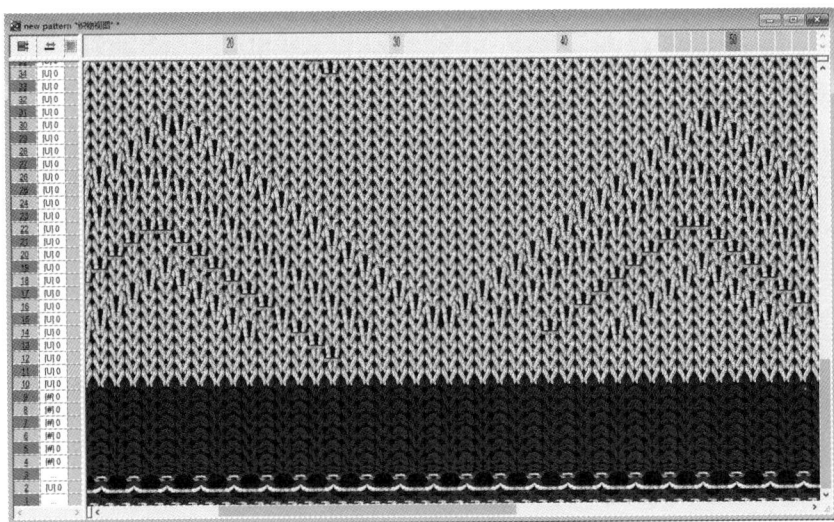

图2-32　新花型织物视图（含起头罗纹）

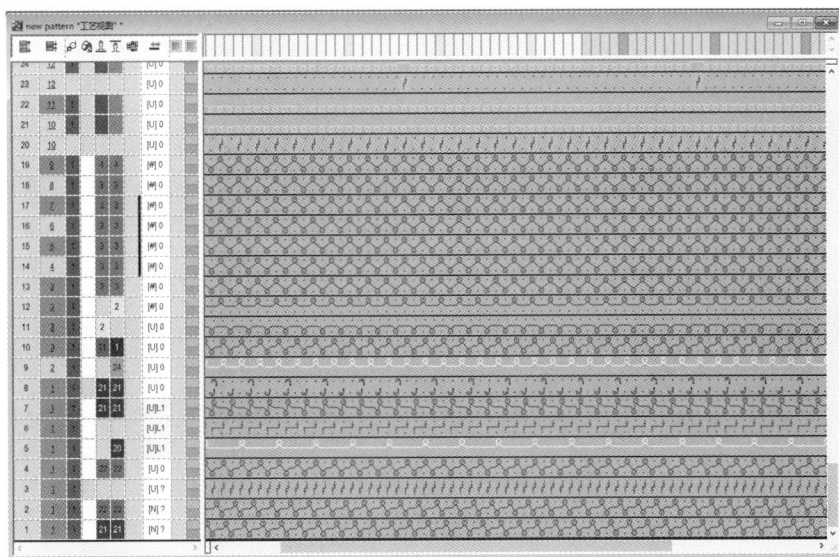

图2-33 新花型工艺视图（含起头罗纹）

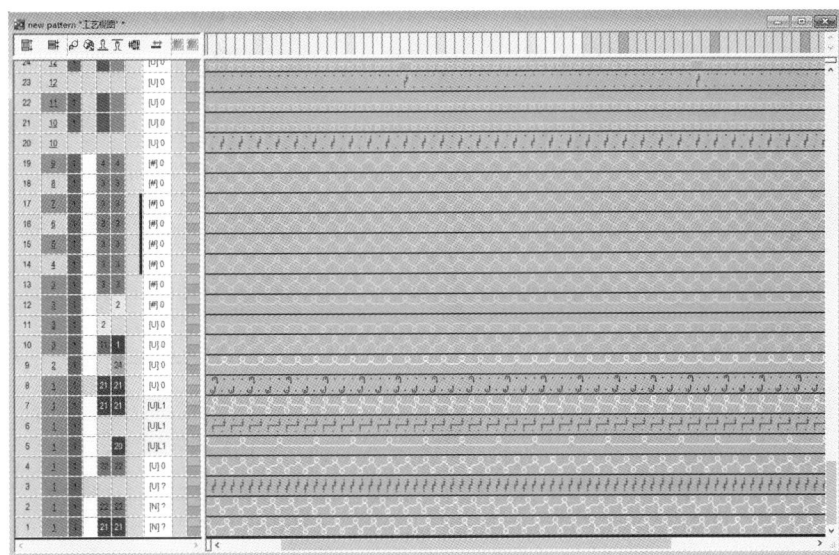

图2-34 修改颜色后新花型工艺视图

（四）花型参数设置

选择菜单栏"花型参数"中的"设置"，点击"编织区域"出现如图2-35所示的界面，在"保护行（带牵拉梳）"处选择前面自己制作的"复制的安全行"模块，并在"使用建模颜色"处打钩。这意味着封口废纱采用"复制的安全行"中的分离纱颜色来进行编织。

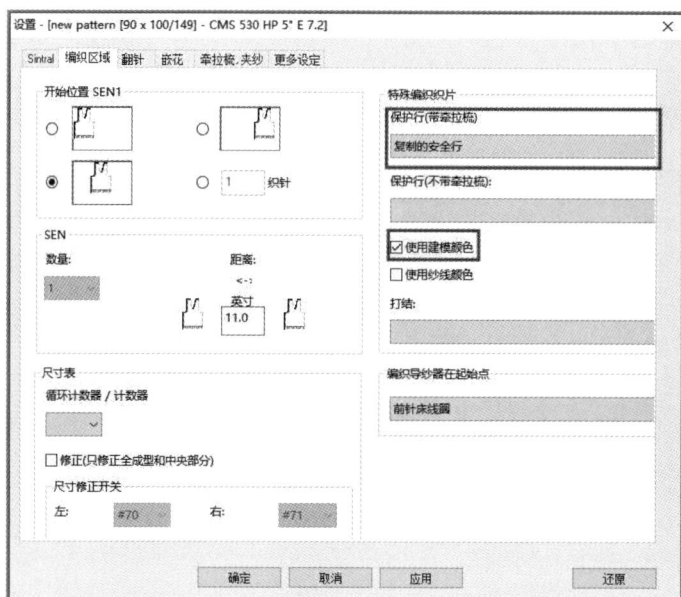

图2-35 编织区域设置

点击"牵拉梳、夹纱"出现如图2-36所示的界面,在起头之前带入编织导纱器设置处选择"Standard""10织针"。这意味着在起头编织之前,主纱以标准的方式即织针以成圈的方式带入编织区域编织10针后,停留在编织区域边上。然后点击"应用""确定",完成花型参数设置。

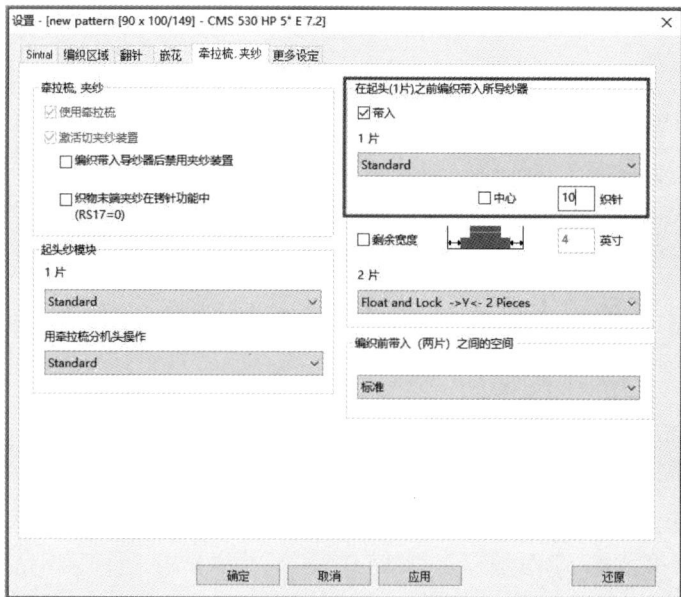

图2-36 牵拉梳、夹纱设置

（五）导纱器排列

花型参数设置完成后，要进行导纱器的排列和相关设置。排列导纱器可通过点击工具栏"花型显示"中的"纱线区域"或快捷键"F4"进入，出现"纱线区域分配"界面和"纱线区域视图"。

在"纱线区域分配"界面（图2-37）可以看出，起头时用到的牵拉梳纱、分离纱等会被系统自动安排在相应的导纱器轨道上，当然也可以被重新安排位置，其他导纱器处于未定义区域，可以用鼠标点击并拖动它们，将其安排在相应的导纱器轨道上。例如，"分离纱"被放在左边第一把导纱器位置，"牵拉梳纱"放在左边第二把导纱器位置，主纱导纱

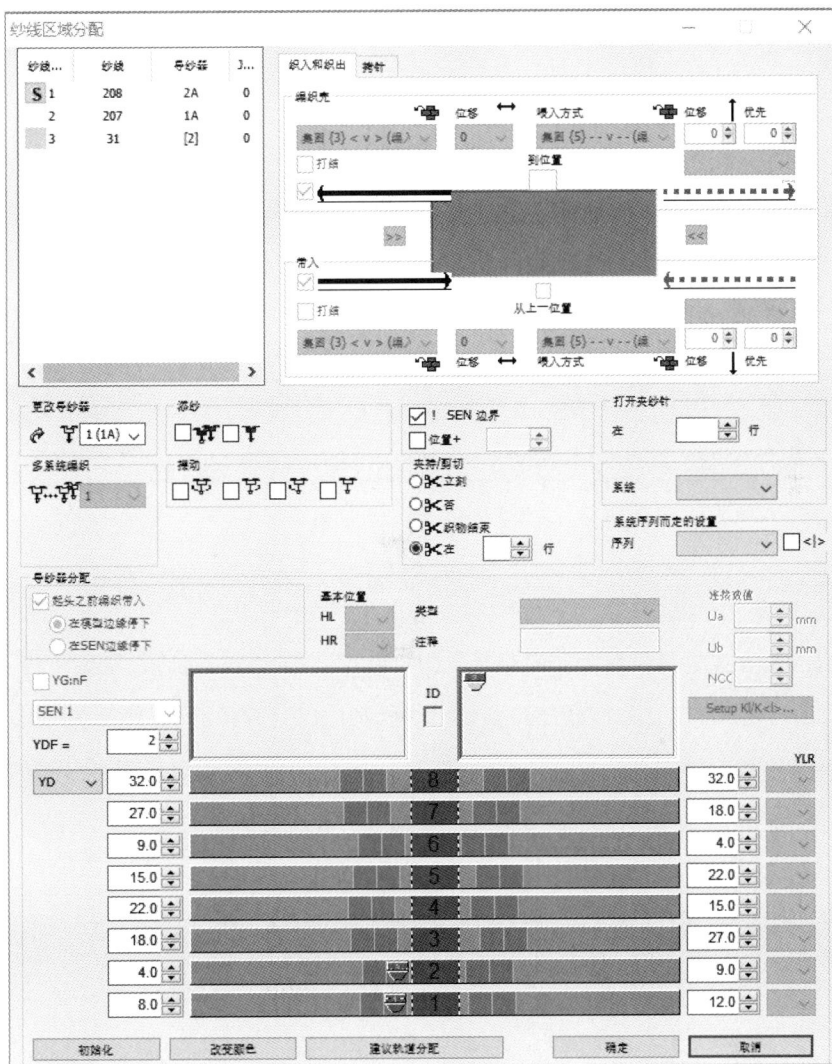

图2-37 纱线区域分配

器在上方，没有被放置，可以根据自身要求用鼠标左键拖动导纱器随意进行放置。一般情况下，主纱导纱器默认在右边的，放置在右边第四把或第五把的位置居多，以减少编织时的张力。

在"纱线区域视图"界面中（图2-38）显示了所使用的纱线数和各自的编织区域，不同的色块代表了不同纱线和导纱器所编织的区域。凡是在花型设计中用不同颜色绘制的区域都被认为是由不同的纱线和导纱器编织，而对于用同一种颜色绘制的两个以上的区域，系统会默认为由同一把导纱器编织，纱线区域会分成两个及以上。根据"纱线区域视图"界面中的不同纱线区域数，在"纱线分配区域"界面中要对各个导纱器的"织入和织出"方式及"切夹纱"方式进行设置。

图2-38　纱线区域视图

如图2-39所示，选中右4主纱导纱器，结合"纱线区域视图"中主纱的编织区域，在"织入和织出"方式处可设置为"右带入""右带出"，在"夹持/剪切"处可设置为"立刻"；同样的方法，把左1分离纱导纱器的"织入和织出"方式可设置为"左带入""不带出"，"夹持/剪切"方式可设置为"织物结束"；把左2牵拉梳纱导纱器的"织入和织出"方式可设置为"左带入""左带出"，"夹持/剪切"方式可设置为"在4行"。以上设置需根据不同织物的编织情况来设定。

另外，在导纱器轨道的每一端都有一个数字选择框，可以调整导纱器距离布边的针数，一般在保证正常垫纱的情况下，距离布边越近越好，但各把导纱器之间的距离至少相距4针距以上。

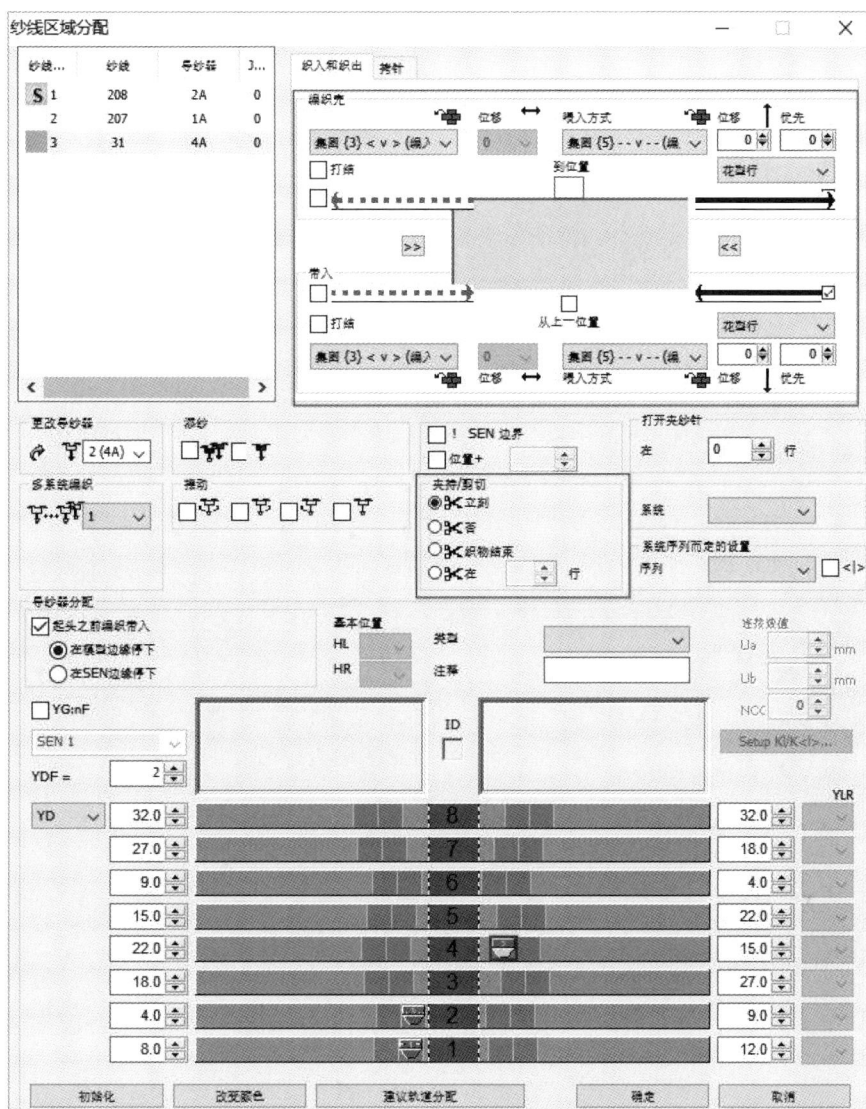

图2-39 导纱器设置

（六）编辑工艺参数——线圈长度

织物密度的大小可用线圈长度来体现，在M1plus软件中线圈长度的大小用NP值来表示，随着NP值的增加，线圈长度也逐步变大，织物密度相对减小。一般情况下，单面组织的NP值要比双面组织的NP值大一些，具体要视编织纱线的粗细、牵拉力的大小及织物组织结构变化而定。

查看线圈长度（NP值）要先激活"工艺视图"中的"线圈长度"图标。在"工艺视图"中选择显示"线圈长度","工艺视图"中会分别显示当前织物使用到的"前针床线圈长度"和"后针床线圈长度",把光标放到线圈长度列会显示当前工艺行的NP值。不同的线圈长度(NP值)在线圈长度列用不同的颜色来表示,并赋予了不同的密度组号。从图2-40可以看出,起头罗纹及以下编织段(罗纹到正式编织的过渡行及以下)的前后针床线圈长度NP密度组号系统会自动默认显示,如罗纹到正式编织的过渡行(工艺行19)的前后针床线圈长度显示为NP4,罗纹正式编织段(工艺行13~18)的前后针床线圈长度显示为NP3,罗纹起口行(工艺行10)的前后针床线圈长度显示为NP11和NP1,分离纱和废纱的前后针床线圈长度显示为NP20~NP24等,而主纱正式编织部分的NP密度组号没有自动显示,需要进行赋值。

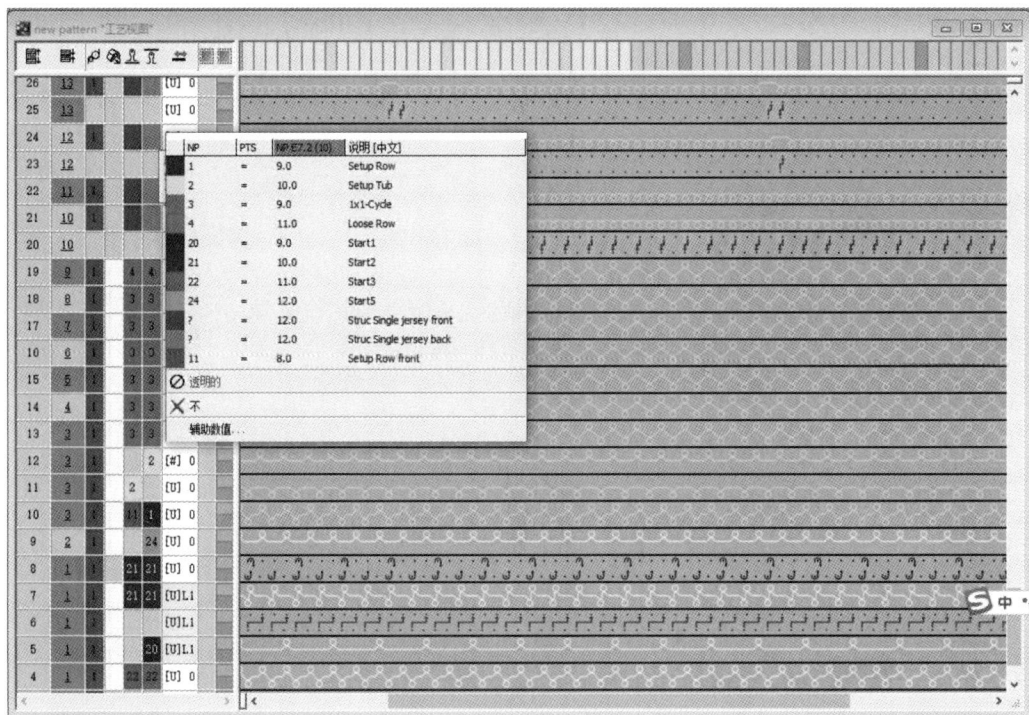

图2-40 线圈长度菜单

若要修改,可在"线圈长度"列点击鼠标右键,选择"辅助数值",在"默认值"中会显示Stoll的所有NP值,点击"用过的/常用的"会显示当前花型的NP值(图2-41),可将"?"改成"5和6"或改变NP值,从而改变线圈长度。在对显示为"?"的NP密度组号进行赋值时,不能和已有密度组号重复,否则在生成程序时工艺处理无法通过。图2-41所示窗口内容如表2-1所示。

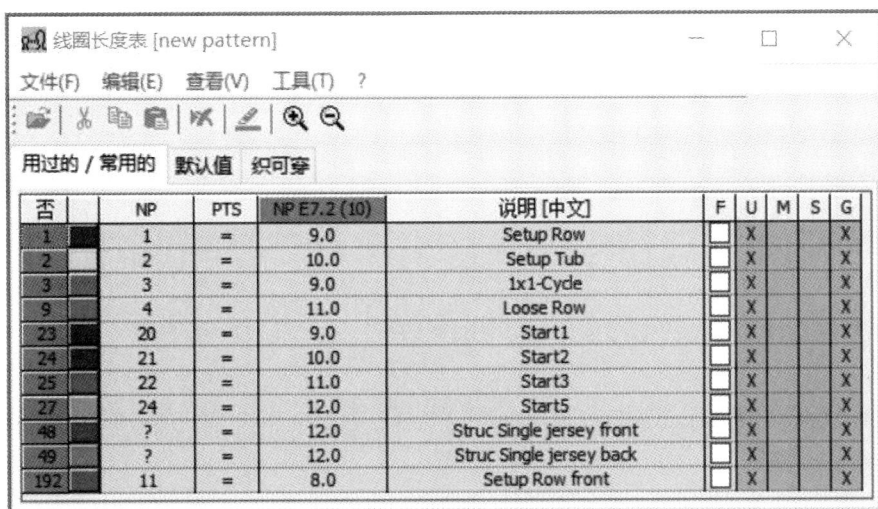

图2-41 线圈长度编辑窗口

表2-1 线圈长度编辑窗口内容

项目	含义
行号	自动输入顺序号。在花型中已采用的值自动用粉色底色标注
颜色	每一个值用一种颜色表示，也可以修改颜色（通过右键级联菜单）
NP（组号）	间接密度组的编号。对于TC机可选范围1～100
PTS	在同一花型行中使用不同的密度。"="是默认值，允许相邻区域有不同的NP值
密度NP	显示密度值，由花型进入密度表时，将显示选择的机号，如7.2；也可显示全部机号
说明	总参数的值已经设置好。一旦输入新行，可以自己输入名称，它将显示在"设置set-up"文件中
F收藏（Favorite）	激活后可在显示窗口中显示，即使花型中未采用这个密度也可以显示
U使用的（Used）	当某个密度在花型中或建模中被使用了就会出现X，点击这个符号后所有花型中使用的密度将自动排列在上方，再点一次将自动排列到下方
M修改过（Modify）	有X时表示已被修改好。当插入新行时，自动加入X，通过右键级联菜单"恢复修改设置"（Reset Modified）则取消X
S（Sintral）	Sintral中使用的值
G总参数（Golb）	假如数值是采用总参数表（Globalparameters.mdv文件）中的数值，则有X符号

（七）自动工艺编辑（F10）

点击工具栏"运行步骤"中的"开始处理"（图2-42）或使用快捷键"F10"，开始运行处理程序（图2-43），直至显示"工艺处理顺利完成"。

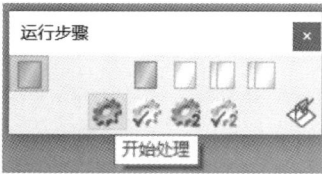
图2-42　开始处理

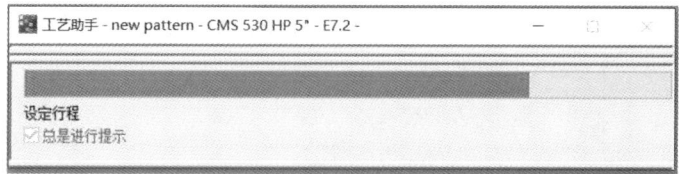
图2-43　工艺编辑

（八）编辑工艺参数——织物牵拉、机速等

织物牵拉和机速等工艺参数在生成程序前没有显示，因此必须在生成程序后进行修改。

1. 织物牵拉

在"工艺视图"中激活"织物牵拉"图标显示"织物牵拉"列，光标移到"织物牵拉"列会显示当前工艺行牵拉值，不同的牵拉值用不同的颜色表示，颜色上的数字代表牵拉组数，如绿色上有数字1代表控制当前工艺行的牵拉为WMF1。

若要修改织物牵拉值，可右击"织物牵拉"列显示织物牵拉菜单（图2-44），选择附加值进入织物牵拉表（图2-45）进行修改。

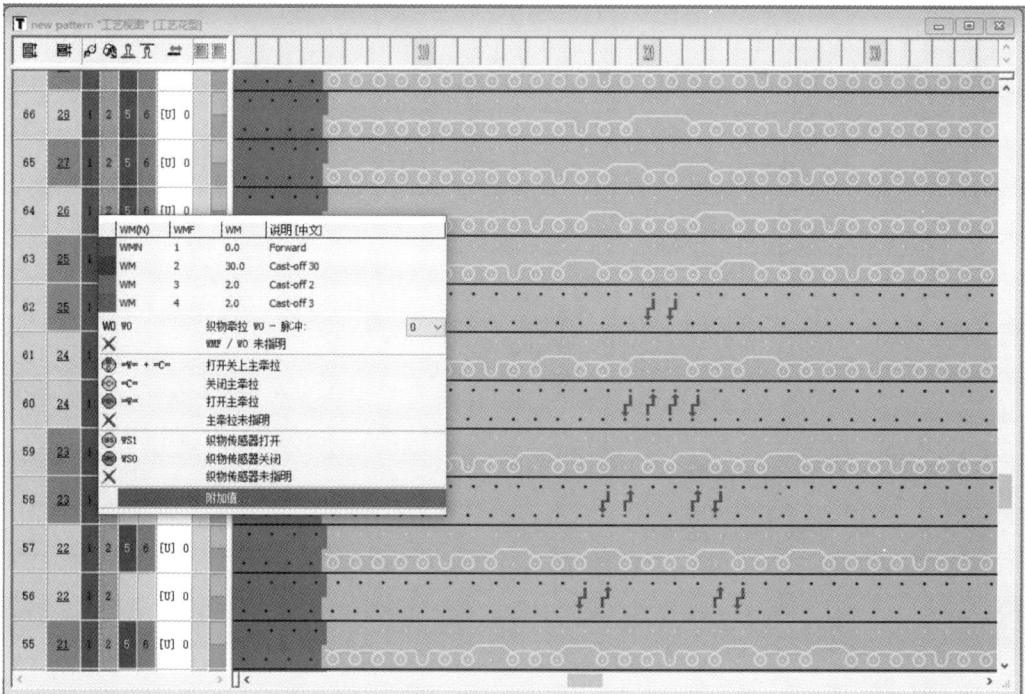
图2-44　织物牵拉菜单

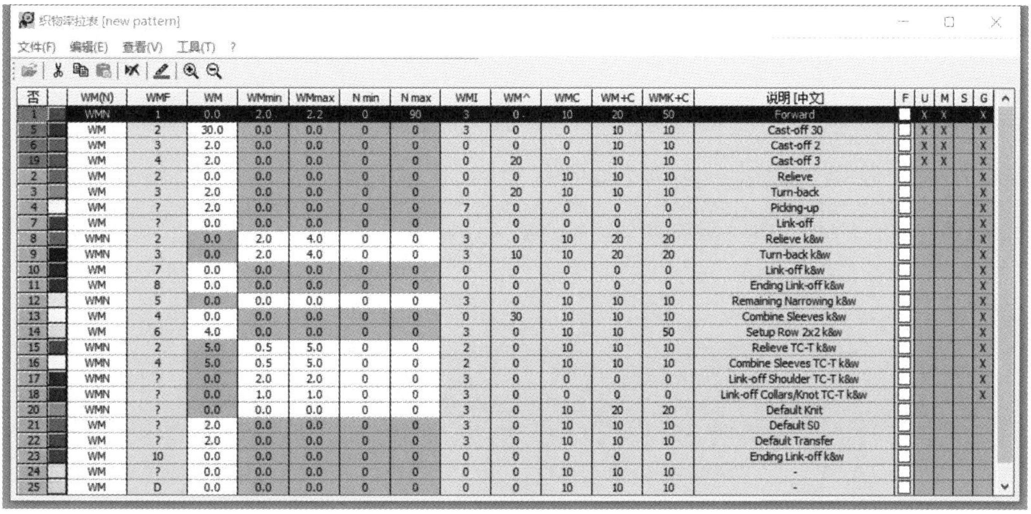

图2-45中为织物牵拉编辑窗口的截图内容，如下表所示：

否	WM(N)	WMF	WM	WMmin	WMmax	N min	N max	WMI	WM^	WMC	WM+C	WMK+C	说明[中文]	F	U	M	S	G
1	WMN	1	0.0	2.0	2.2	0	90	3	0	10	20	50	Forward		X	X		X
5	WM	2	30.0	0.0	0.0	0	0	3	0	0	10	10	Cast-off 30		X	X		X
6	WM	3	2.0	0.0	0.0	0	0	0	0	0	10	10	Cast-off 2		X	X		X
19	WM	4	2.0	0.0	0.0	0	0	20	0	0	10	10	Cast-off 3		X	X		X
2	WM	2	2.0	0.0	0.0	0	0	0	0	10	10	10	Relieve					X
3	WM	3	2.0	0.0	0.0	0	0	20	0	10	10	10	Turn-back					X
4	WM	?	2.0	0.0	0.0	0	0	7	0	0	0	0	Picking-up					X
7	WM	?	2.0	0.0	0.0	0	0	0	0	0	0	0	Link-off					
8	WMN	2	0.0	2.0	4.0	0	0	3	0	10	20	20	Relieve k&w					
9	WMN	3	0.0	2.0	4.0	0	0	3	10	10	20	20	Turn-back k&w					
10	WM	7	0.0	0.0	0.0	0	0	0	0	0	0	0	Link-off k&w					
11	WM	8	0.0	0.0	0.0	0	0	3	0	0	0	0	Ending Link-off k&w					
12	WMN	5	0.0	0.0	0.0	0	0	3	0	10	10	10	Remaining Narrowing k&w					
13	WM	4	0.0	0.0	0.0	0	0	3	30	10	10	10	Combine Sleeves k&w					
14	WM	6	4.0	0.0	0.0	0	0	3	0	10	10	50	Setup Row 2x2 k&w					
15	WM	5	5.0	0.5	5.0	0	0	3	0	10	10	10	Relieve TC-T k&w					
16	WMN	4	5.0	0.5	5.0	0	0	3	0	10	10	10	Combine Sleeves TC-T k&w					
17	WMN	?	0.0	2.0	2.0	0	0	3	0	0	0	0	Link-off Shoulder TC-T k&w					
18	WMN	?	0.0	1.0	1.0	0	0	3	0	0	0	0	Link-off Collars/Knot TC-T k&w					
20	WMN	?	0.0	0.0	0.0	0	0	3	0	10	20	20	Default Knit					
21	WM	?	2.0	0.0	0.0	0	0	3	0	10	10	10	Default S0					
22	WM	?	0.0	0.0	0.0	0	0	3	0	10	10	10	Default Transfer					
23	WM	10	0.0	0.0	0.0	0	0	0	0	0	10	10	Ending Link-off k&w					
24	WM	?	0.0	0.0	0.0	0	0	0	0	10	10	10	-					
25	WM	D	0.0	0.0	0.0	0	0	0	0	10	10	10	-					

图2-45　织物牵拉编辑窗口

在织物牵拉表中激活"U"，所有使用的值将排列在上方，它们的序号用粉色标注。选择所要修改的牵拉值如WMF1，输入数值进行修改。图2-45中窗口的具体内容如表2-2所示。

表2-2　织物牵拉编辑窗口内容

项目	含义
WM/WMN	定义是否采纳随针数而变化的牵拉（左键点击相应行可从箭头处切换两种牵拉形式）
WMF	织物牵拉功能：WMF1-50（数字0,61～99无效）。若放了问号"？"则由程序自动排安排；如果是"D"，表示为直接牵拉值
WM	这里输入的是当选择了WM时的主牵拉，范围0～31.5，书写时带一位小数
WMmin	织物宽度为最小时的牵拉值，启动时必须同时使用WMN。如果WMmin/WMmax/Nmin/Nmax都为0，将采用编辑功能的牵拉值；但全成行FF，则必须在这四项中输入数值
WMmax	织物宽度最大时的牵拉值，启动时必须同时使用WMN
Nmin	最小织物宽度的针数
Nmax	最大织物宽度的针数
WMI	牵拉脉冲值（0～15），数值间隔为1
WM^	织物牵拉反转角度（范围0～120°）
WMC	监测主牵拉辊的灵敏度，0—没有灵敏度，1—灵敏度很小，32—灵敏度最高，数值间隔幅度为1（如当织物很短，织物牵拉转动太快时，由于断纱布片脱落，会造成牵拉辊空转等）
WM+C	主牵拉辊马达转速过慢感应灵敏度，定义为在多少编织系统工作之后（范围0～100），主牵拉仍未工作就停机，数值间隔为1
WMK+C	牵拉梳马达转速过慢感应灵敏度，定义为在多少编织系统工作之后（范围0～100），牵拉梳仍未工作就停机，数值间隔为1
说明	注释

2. 机头速度

在"工艺视图"中激活"机速"显示，出现彩色纵条，将光标移动到"机速"列可以显示当前工艺行的机器速度，不同颜色代表不同的机器速度，颜色上的数字代表组数，如标明2则表示MSEC2，若标明D则为直接值。如图2-46所示，按鼠标右键显示已经使用的机速组合常用指令，选择"附加值"进入"机速表"（图2-47），可进行机速的修改。

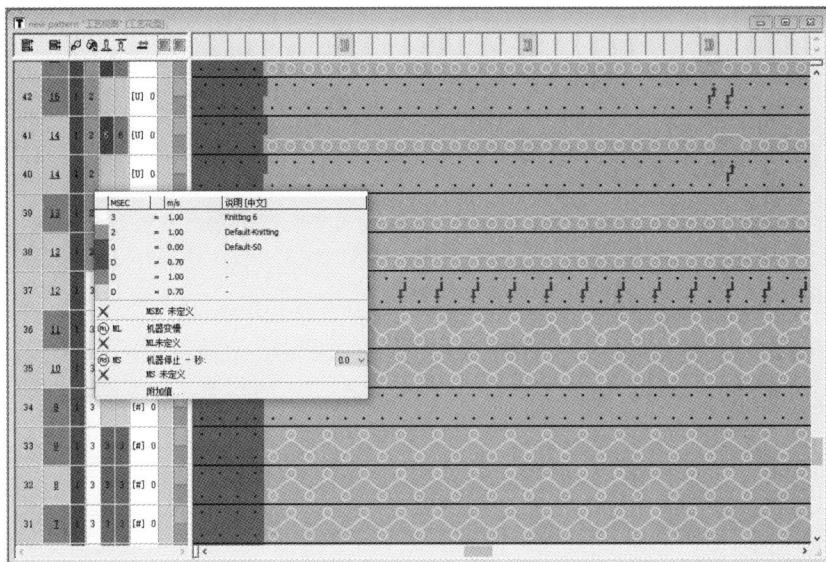

图2-46　机速菜单

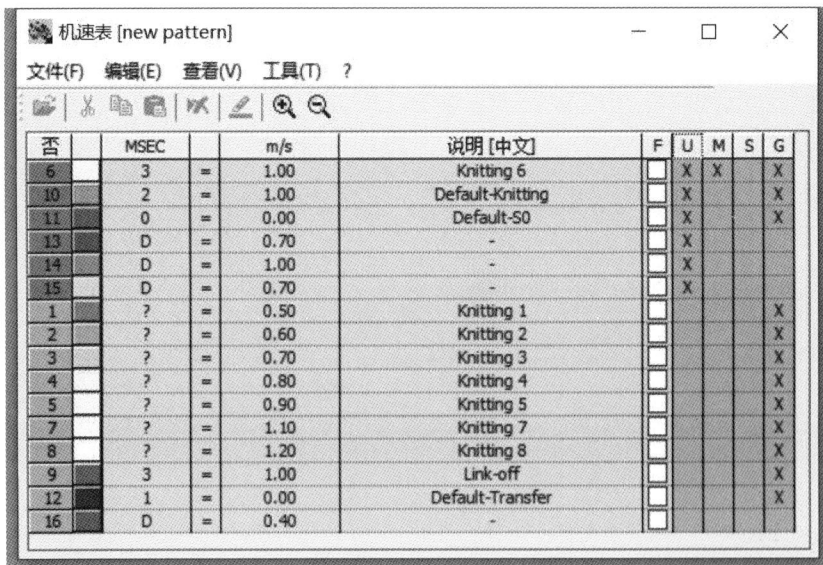

图2-47　机速编辑窗口

在"机速表"中，激活"U"，所有使用的值将排列在上方，它们的序号用粉色标注；有颜色的说明已经赋予了值（如建模中已经赋值）；灰色的表示未赋值，可直接在机速列输入数值修改机速大小。图2-47中窗口的具体内容如表2-3所示。

表2-3 机速编辑窗口内容

项目	含义
序号	粉色标注的是花型中正在使用的参数
颜色	区分不同，可修改
MSEC	速度组号1～20（setup1有0～9组，setup2有0～20组），通常0用于空程，1用于翻针，D为直接值，"？"为未定义组号
m/s	编织速度0.05～1.20，空程速度0.05～1.40，翻针速度0.05～1.20
说明	注释

（九）重新处理生成MC程序

相关编织参数修改后，需重新处理程序。点击工具栏"运行步骤"中的"开始重新处理"（图2-48）或按快捷键"F11"，开始重新处理程序（图2-49），最后显示工艺处理顺利完成，并生成MC程序。

图2-48 开始重新处理

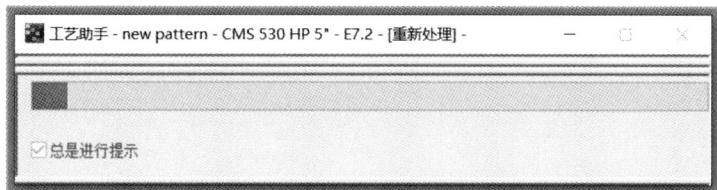

图2-49 工艺重新编辑

（十）程序检验

点击"MC程序"中的"执行Sintral检验"或点击"运行步骤"中的"运行Sintral检查"

或按快捷键"Ctrl+F11",出现"Sintral检验"窗口,如图2-50所示,点击"Start",系统开始对程序进行自动检验,直至出现"语法检验OK"和"模拟OK",表示程序检验通过。

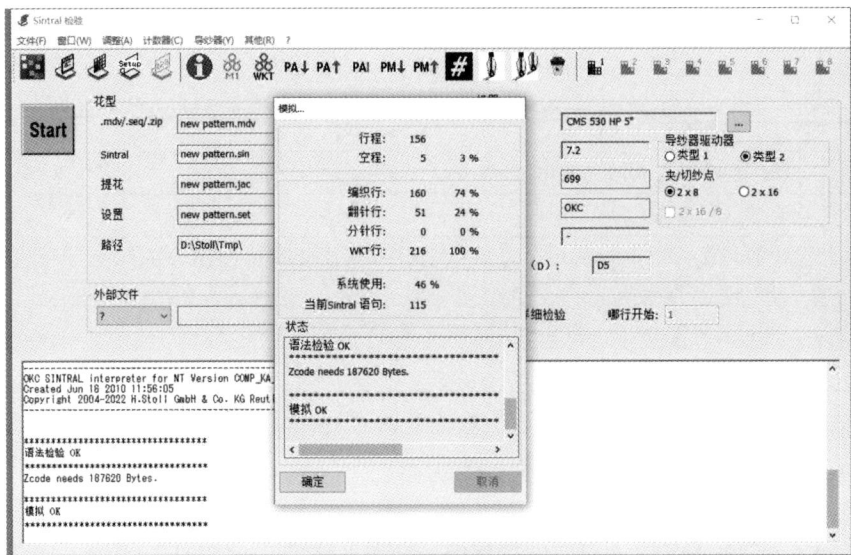

图2-50 Sintral检验窗口

同时,在"Sintral检验"窗口中,选择菜单栏"其他"中的"计算编织时间和纱线消耗",可显示预计纱线消耗量和预计编织时间,如图2-51所示显示预计纱线消耗量为83m,预计编织时间为1 min 48 sec +/- 5 %(CL=200)。

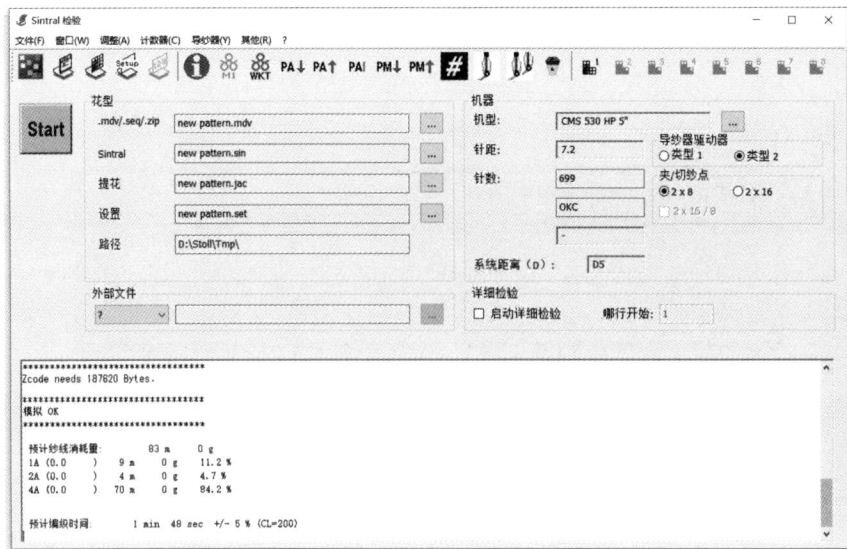

图2-51 计算纱线消耗量和编织时间

除了使用"Sintral检验"程序检验功能对MC程序进行检查外，还需对花型是否有不正常的"挂针"现象进行检查。一般通过在"织物视图"中查看线圈大小进行检查，若出现线圈被拉得过长则要特别注意并进行查验和修改。

（十一）导出MC程序

花型程序制作完成后，要导出MC程序。路径为选择菜单栏中"MC程序"下拉菜单中的"导出MC程序"，出现"导出提花/sin/设置文件"窗口，如图2-52所示，可点击"…"修改保存路径，然后点击"确定"，导出"JAC""SIN""SET"三个上机文件，程序制作完成。

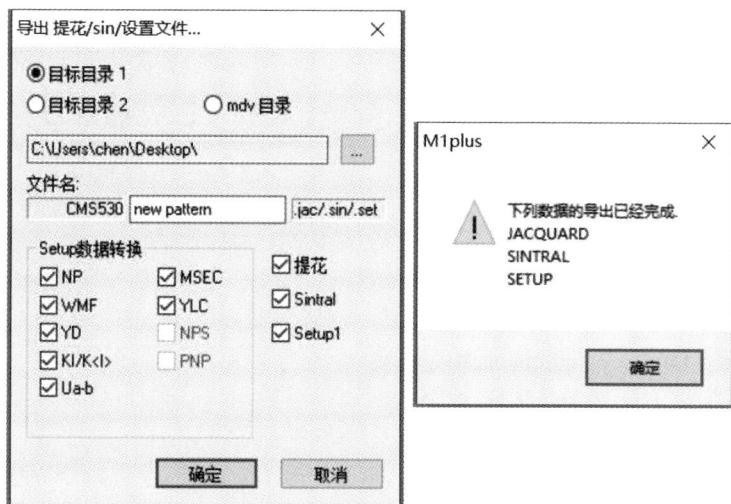

图2-52 导出MC程序窗口

三、上机编织程序的修改

（一）修改花型

设计并制作好的花型程序，若要修改"花型"，必须到"基础花型"中进行修改。修改路径为点击"运行步骤"中的"导入基础花型"，直接回到"F10"（开始处理）之前。若要对花型进行比较大的修改，也可通过菜单栏"编辑"中的"替换起头"，先去除"起头模块"部分（图2-53），等花型修改完成后再次加入"起头模块"，然后重新生成MC程序。

（二）修改机号

修改机号同样要先回到"基础花型"修改。点击菜单栏"花型参数"中的"变更机器/机号/安装类型"，进入"选择机型"界面，可修改机器型号、机号和安装类型。

（三）常见问题修改

1. 无效织针动作

在F11进行重新处理程序过程中，出现图2-54所示"发现导纱器无效织针动作"。通过查看"工艺视图"（图2-55）发现，工艺行16处没有织针动作。

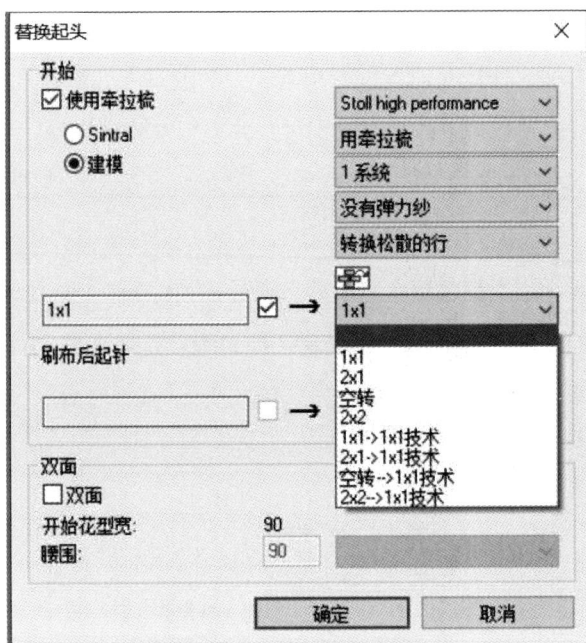

图2-53　去除起头模块

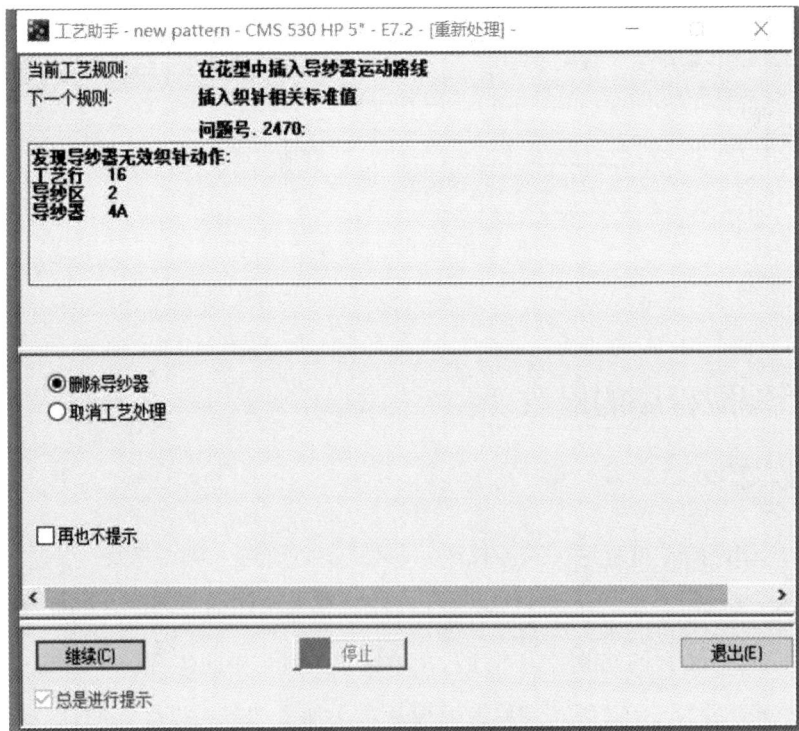

图2-54　无效织针动作

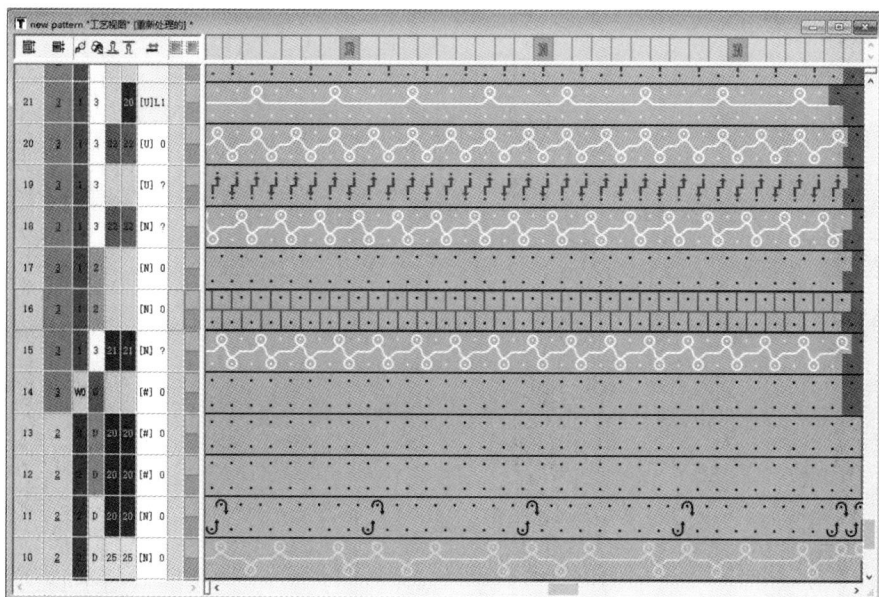

图2-55 工艺视图（无效织针动作）

解决办法：点击"运行步骤"中的"导入基础花型"，回到基础花型中，选择菜单栏"花型参数"中的"设置"，再选择"牵拉梳.夹纱"界面（图2-56），"在起头（1片）之前编织带入所导纱器"处把"0"改为"10"，点击"应用""确定"退出，重新生成程序即可。

图2-56 重新设置提前带入导纱器针数

2. 浮线

程序生成后，如图2-57所示在正式编织最后一个工艺行出现一条长浮线，并显示为错误的线圈长度，这主要是因为该纱线编织的行数为奇数行。

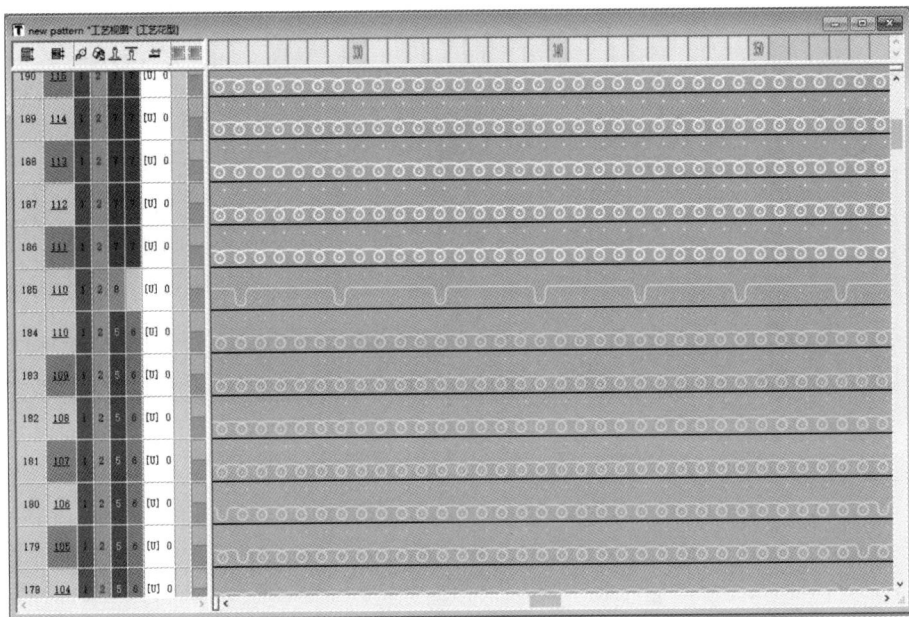

图2-57　浮线

解决办法：点击"运行步骤"中的"导入基础花型"，回到基础花型中，选定该颜色编织的最后一个花型行，点击"插入区域或选针"，出现"插入行"窗口（图2-58），点击"选择"，在"数量"处输入"1"，"采用选中行的控制栏"打钩，点击"确定"插入一行，使花型编织行变为偶数，消除长浮线。

3. 挂针

程序检查中，在"织物视图"背面发现有拉长线圈，出现挂针现象，如图2-59所示。

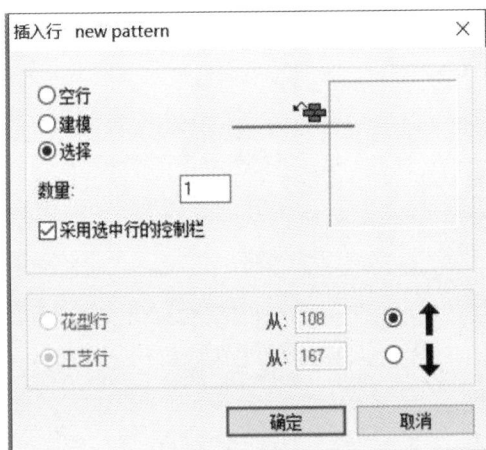

图2-58　插入行

解决办法：把出现"挂针"处（图2-60中花型行10行处）的前针床编织线圈改为"带有翻针的前针床线圈"，从而消除挂针。

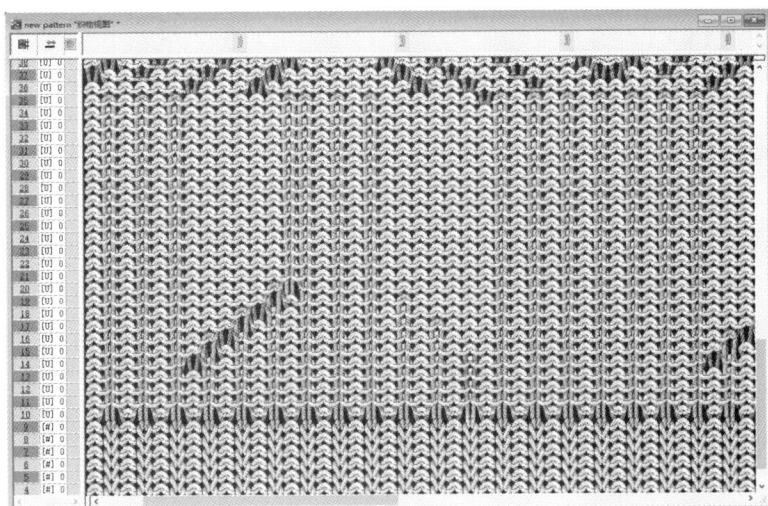

图2-59 挂针

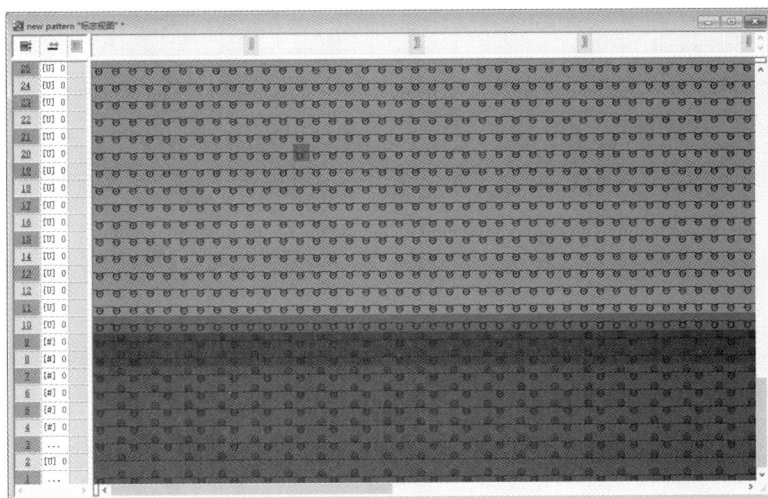

图2-60 修改织针动作（翻针）

思考与练习：

1. 电脑横机花型设计系统包括哪几部分？

2. 电脑横机针床对位方式有哪几种？

3. 练习工具栏各个功能键，熟练掌握其使用方法。

4. 电脑横机编织参数的修改方法有哪些？

5. 电脑横机上机程序的设计与练习。

第三章
电脑横机基本组织的设计与编程

———

本章知识点：

1. 罗纹类组织的程序设计要点。

2. 纬平针类组织的程序设计要点。

3. 双反面组织的程序设计要点。

电脑横机基本组织包括纬平针组织、罗纹组织和双反面组织等，是电脑横机花型设计的基础。基本组织在针织毛衫上应用极为广泛，了解各类基本组织的特性及在电脑横机上的程序设计要点显得尤为重要。

第一节　纬平针类组织的设计与编程

一、单面纬平针组织的设计与编程

（一）组织结构

单面纬平针组织是由连续的单元线圈相互串套而成的，由横机的一个针床上的织针编织而成，可由前针床或后针床单独编织而成。组织的两面具有不同的外观，一面全部是正面线圈，另一面全部是反面线圈。如图3-1所示，为单面纬平针组织的线圈结构图和编织图。

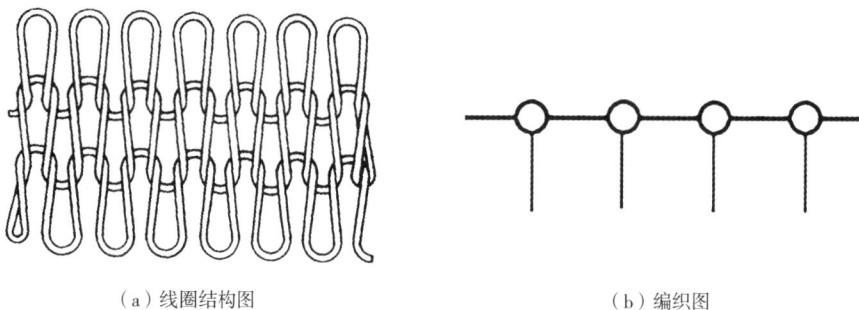

（a）线圈结构图　　　　　　　　　　（b）编织图

图3-1　单面纬平针组织

单面纬平针组织结构简单，织物轻薄，在纵向和横向都具有很大的拉伸变形特性，并具有较好的卷边性和脱散性，既可沿顺编织方向脱散，又可沿逆编织方向脱散，是男女装、毛衣衫裤的常用组织。

（二）编程设计与花型绘制

根据单面纬平针组织的编织原理，在花型设计时可以采用前针床织针成圈编织，也可以采用后针床织针成圈编织，其织物视图、工艺视图和标志视图分别如图3-2和图3-3所示。

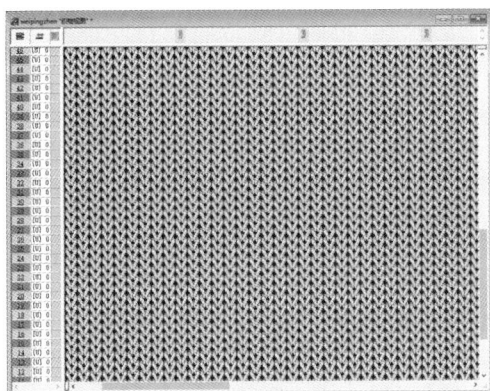

（a）织物视图

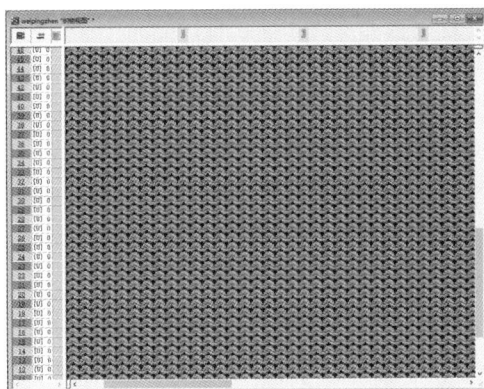

（a）织物视图

（b）工艺视图

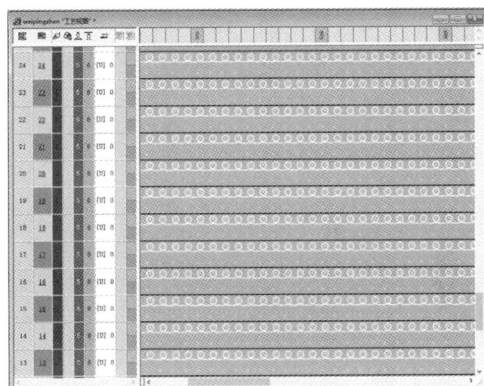

（b）工艺视图

（c）标志视图

图3-2　前针床织针成圈编织花型设计

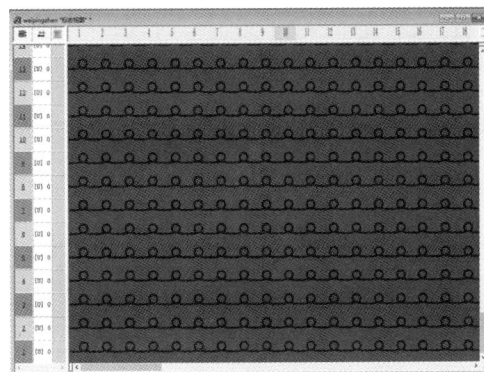

（c）标志视图

图3-3　后针床织针成圈编织花型设计

单面纬平针组织属于单面组织，在程序设计与花型绘制时要注意以下几点：

（1）因只有一个针床上的织针参与工作，针床对位无论是"U"位、"N"位还是"#"位都不影响组织的正常编织。

（2）正式编织部分的NP值可设置为NP5（前针床线圈长度）=12.0~12.5（前针床织针编织成圈）；NP6（后针床线圈长度）=12.0~12.5（后针床织针编织成圈）。

（3）在起头模块设置处选择"转换松散的行"。

（4）无论是采用前针床织针成圈编织还是后针床织针成圈编织，在绘制新花型时最好选用带有翻针动作的线圈符号，如 前针床线圈翻针、 后针床线圈翻针；若采用没有翻针动作的线圈符号，在添加起头罗纹后会出现挂针。

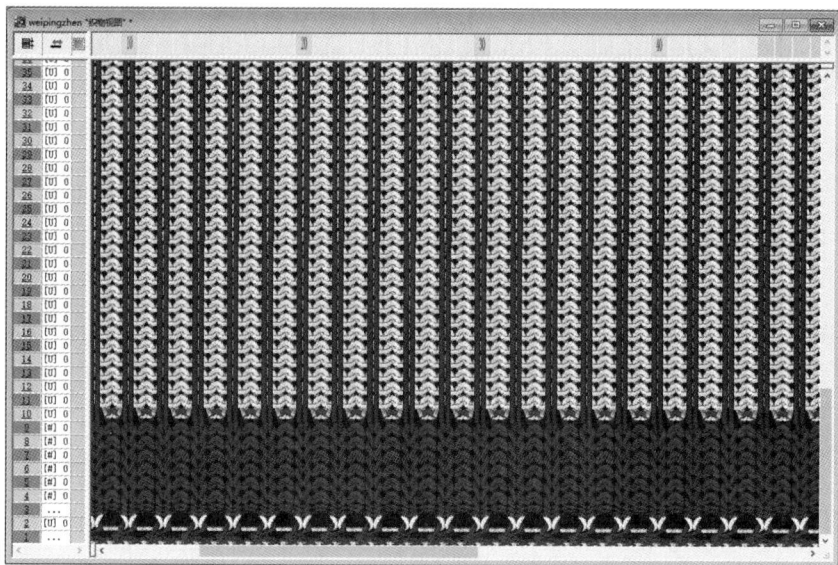

图3-4　没有翻针导致的挂针现象

如图3-4所示为在单面纬平针组织花型设计时使用没有带翻针符号的前针床线圈 和后针床线圈 。若添加罗纹后在没有编织的针床上发生挂针现象，可以在单面纬平针编织的第一行把所有的没有翻针动作的线圈换成带有翻针动作的线圈，挂针即可消除。

二、双面纬平针组织的设计与编程

（一）组织结构

双层纬平针组织是由连续的单元线圈分别在横机的前、后针床上相互串套而成的。由于是循环的单面编织，织物两端边缘封闭，中间呈空筒状，犹如一只口袋。织物表面光洁，其性能与单面纬平针织物基本相同，但双层纬平针织物比单面纬平针织物要厚实得多，线圈横向无卷边现象，可用于外衣的下摆和袖口边缘，其线圈结构图和编织图如图3-5所示。

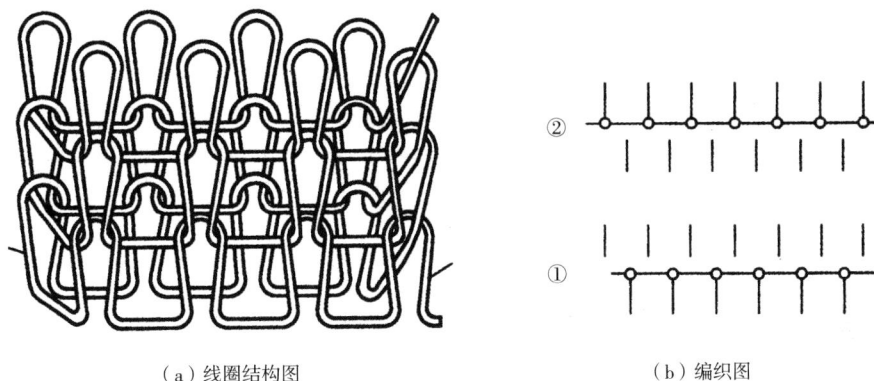

（a）线圈结构图　　　　　　　　　　　　（b）编织图

图3-5　双面纬平针组织

（二）编程设计与花型绘制

根据双面纬平针组织的编织原理，在花型设计时采用"前针床线圈"和"后针床线圈"轮流编织，其织物视图、工艺视图和标志视图如图3-6所示。

双面纬平针组织属于双面组织，在程序设计与花型绘制时要注意以下几点：

（1）在新花型设计时应首先把针床对位调整至"N"位，即针床相错位置。

（2）正式编织部分的NP值可设置为NP5（前针床线圈长度）=12.0~12.5，NP6（后针床线圈长度）=12.0~12.5；且为了保证前后针床编织的线圈大小一致，前针床线圈长度（NP值）必须等于后针床线圈长度（NP值），即NP5=NP6。

（3）在起头模块设置处选择"转换双面"。

（4）绘制新花型时要采用前针床线圈和后针床线圈轮流编织，且前、后针床线圈均为不带翻针动作的成圈线圈。

（5）该组织一般为两个工艺行形成一个花型行，因此在新花型花高设置时可相应增加花高列数，避免织出的织物过短。

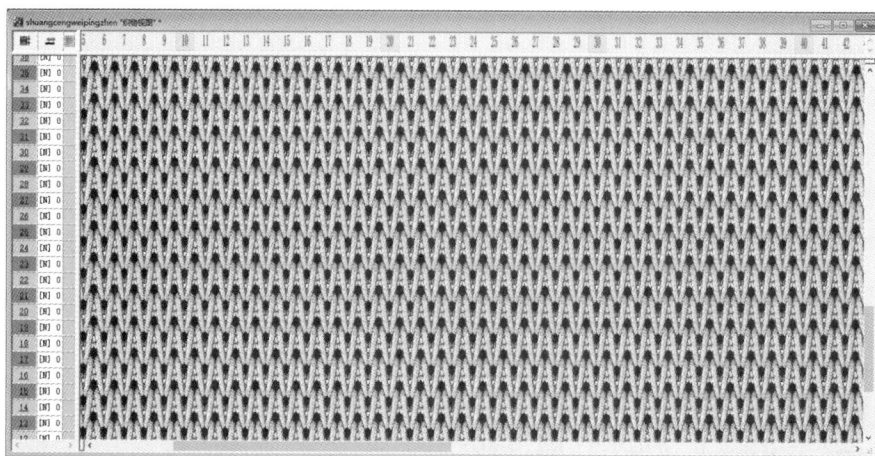

（a）织物视图

（b）工艺视图

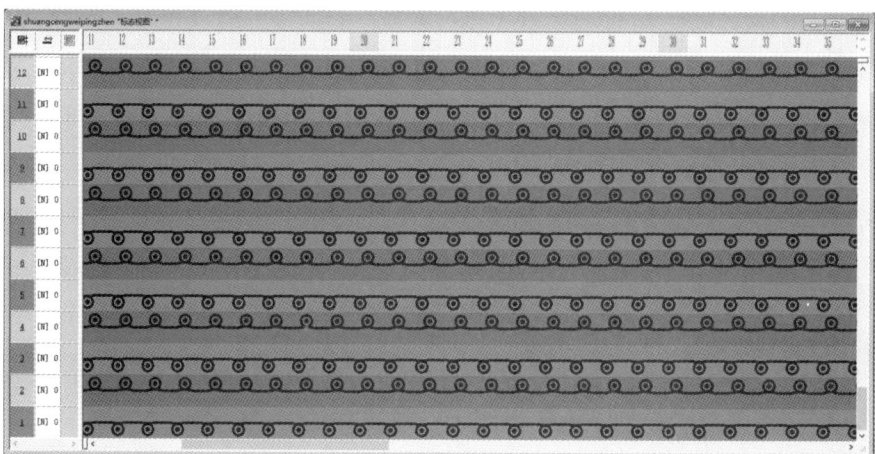

（c）标志视图

图3-6 双面纬平针组织花型设计

第二节 罗纹类组织的设计与编程

罗纹组织是指由正面线圈纵行和反面线圈纵行以一定的组合相间配置而成的组织。罗纹组织每一横列既有正面线圈又有反面线圈，正面线圈和反面线圈由沉降弧连接。由于正、反面线圈不在同一平面内，沉降弧由前到后或由后到前会发生较大的弯曲与扭转，使同一面的线圈纵行相互靠拢，彼此潜隐半个纵行；且形成了正面线圈纵行凸出在织物表面，反面线圈纵行凹陷的凹凸直纵条纹效果。罗纹组织具有较大的横向延伸性和弹性，这是任何组织不能比拟的，其纵向延伸性和弹性类似于纬平针组织，弹性和延伸性的大小与其正、反面线圈纵行的不同配置密切相关。同时，罗纹组织也有一定的脱散性，一般只能逆编织方向脱散。不同组合的罗纹组织，在边缘自由端的线圈还有卷边的趋势，在正、反面线圈纵行数相同的罗纹组织中，卷边力彼此平衡，因而基本不卷边，而在正、反面线圈纵行数不同的罗纹组织中，有一定的卷边现象但不严重。

罗纹组织的种类很多，根据正反面线圈纵行的不同配置，可形成不同的罗纹组织。罗纹组织可用 $N + M$ 罗纹来表示，N 表示一个循环内正面线圈纵行数，M 表示一个循环内反面线圈的纵行数，如 $1 + 1$、$2 + 2$ 或 $3 + 2$ 罗纹等；也可用 $N \times M$ 罗纹来表示，N 表示一个循环内某一个针床上参加工作的织针数，M 表示一个循环内同一个针床上不参加工作的织针数，这种表示方法仅适用于前后针床参加工作和不工作的织针数相同的罗纹组织。

一、1 + 1罗纹组织的设计与编程

$1 + 1$ 罗纹组织是采用正面线圈纵行和反面线圈纵行以 1 隔 1 的组合相间配置而成的，根据编织时织针对位的不同，可分为满针罗纹（四平组织）和 $1 + 1$ 单罗纹组织（1×1 罗纹）。

（一）满针罗纹组织

1. 组织结构

满针罗纹又称四平组织，编织时前后两个针床相错排列，工作区域内所有织针均参加

编织，形成1个正面线圈纵行和1个反面线圈纵行相间排列的结构。满针罗纹织物结构紧实、厚度较小、织物平整、拉伸性较小、弹性好、尺寸稳定性及保形性好，不卷边，只能逆编织方向脱散，顺编织方向不脱散，经常用于衣服边口、领口、门襟等，如图3-7所示为满针罗纹组织的线圈结构图和编织图。

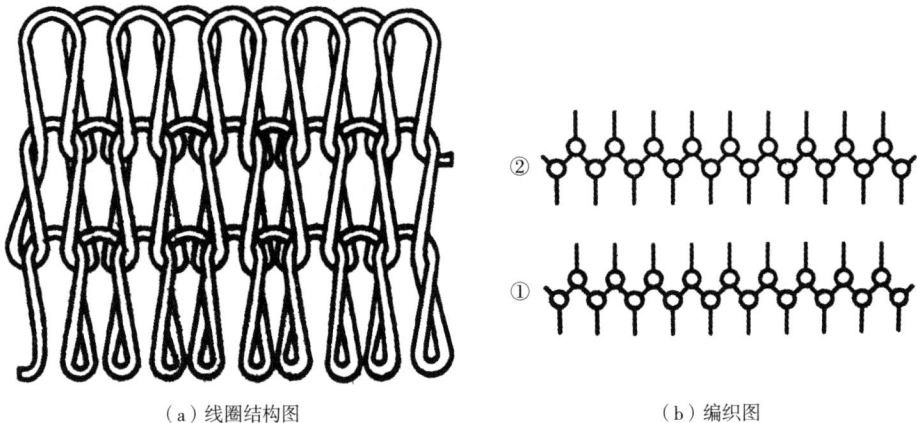

（a）线圈结构图　　　　　　　　　　（b）编织图

图3-7　满针罗纹组织

2. 编程设计与花型绘制

根据满针罗纹组织的编织原理，在花型设计时采用"前针床线圈-后针床线圈"来绘制，其织物视图、工艺视图和标志视图如图3-8所示。

满针罗纹组织属于双面组织，在程序设计与花型绘制时要注意以下几点：

（1）在新花型设计时首先把针床对位调整至"N"位，即针床相错位置。

（2）采用工具栏"织针动作-线圈长度"中的　❀　"前针床线圈-后针床线圈"来绘制新花型。

（3）调整正式编织满针罗纹部分的NP值，可将NP5（前针床线圈长度）设置为10.0左右，NP6（后针床线圈长度）设置为10.0左右，且为了保证正反面线圈大小一致，前针床线圈长度（NP值）和后针床线圈长度（NP值）基本相同。

（4）起头模块设置处选择为"转换双面"，起头罗纹可选择"空转"。

（5）新花型设计时也可采用工具栏"模块"—"拷针元素"中的　■　"线圈-线圈"来绘制。和采用工具栏"织针动作-线圈长度"中的　❀　"前针床线圈-后针床线圈"不一样的是，采用"拷针元素"中的"线圈-线圈"（"模块数据"中选择"应用织针动作""应用线圈长度""应用模块数据"，但不选择"应用颜色"）绘制后，前后针床对位会

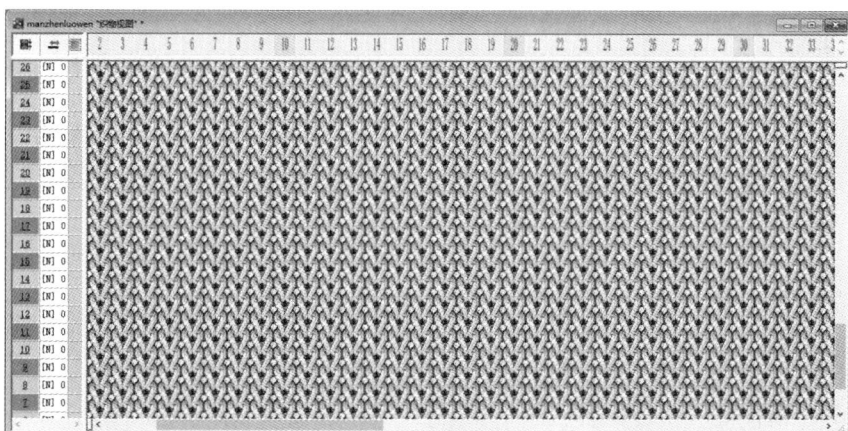

（a）织物视图

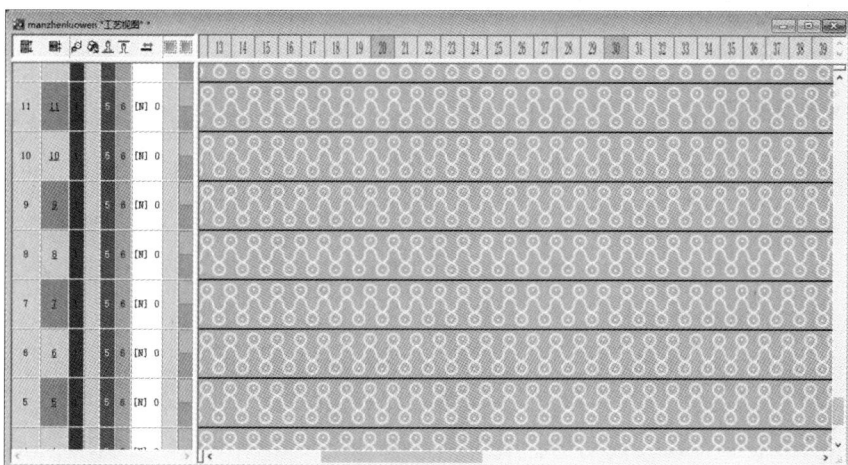

（b）工艺视图

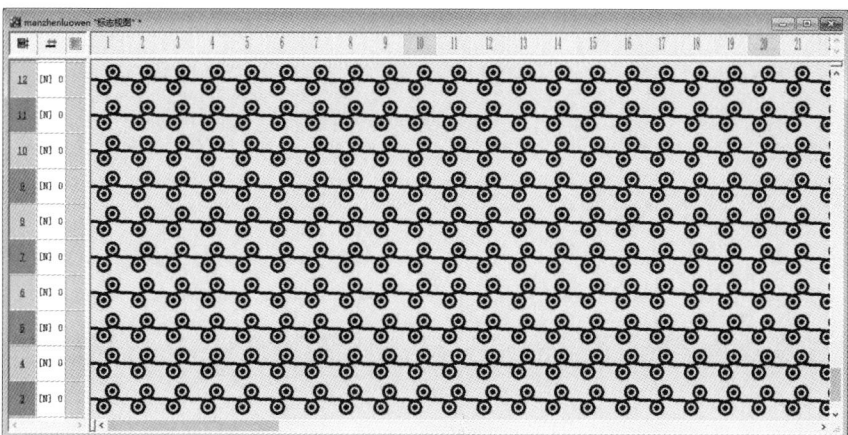

（c）标志视图

图3-8 满针罗纹花型设计

自动变为"N"位，且线圈长度也会自动显示为双面组织的线圈长度，如图3-9所示。而用工具栏"织针动作-线圈长度"中的"前针床线圈-后针床线圈"则要手动调整针床对位和线圈长度的大小，需要花型设计者对织物组织有比较深入的了解。因此，对于初学者来说，采用"模块"中的"拷针元素"来进行花型设计较为方便。

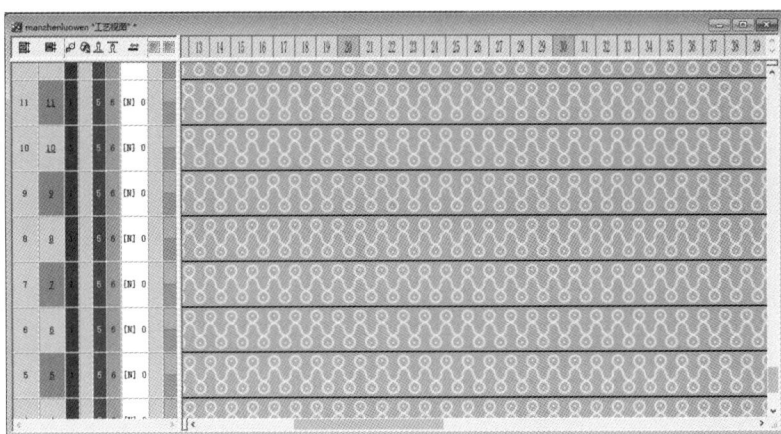

图3-9　满针罗纹工艺视图（拷针元素）

（二）1＋1单罗纹组织

1.组织结构

1＋1单罗纹组织又可称为1×1罗纹，编织时两个针床相对排列，两针床均1隔1排针或隔针抽针，且两针床工作织针1隔1相间配置，形成1个正面线圈纵行和1个反面线圈纵行相间排列的结构。1＋1单罗纹组织织物蓬松柔软、横向延伸性较大，弹性也比较好，不卷边，只能逆编织方向脱散，顺编织方向不脱散，一般用于下摆、袖口、裤口等对弹性要求比较高的部位。如图3-10所示为1＋1单罗纹组织的线圈结构图和编织图。

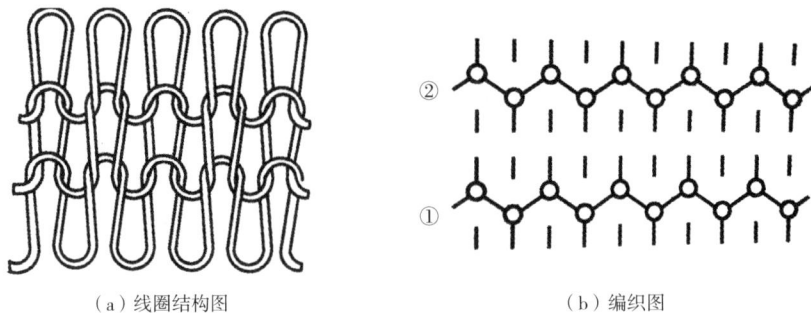

（a）线圈结构图　　　　　　　　　　（b）编织图

图3-10　1＋1单罗纹组织

2. 编程设计与花型绘制

根据1＋1单罗纹组织的编织原理，在花型设计时采用"前针床线圈"和"后针床线圈"来绘制，其织物视图、工艺视图和标志视图如图3-11所示。

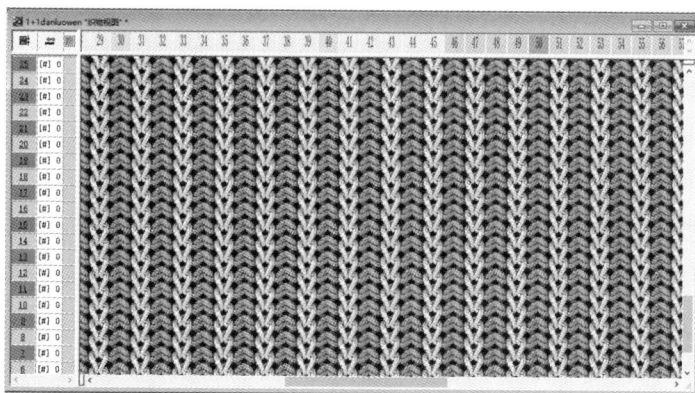

（a）织物视图

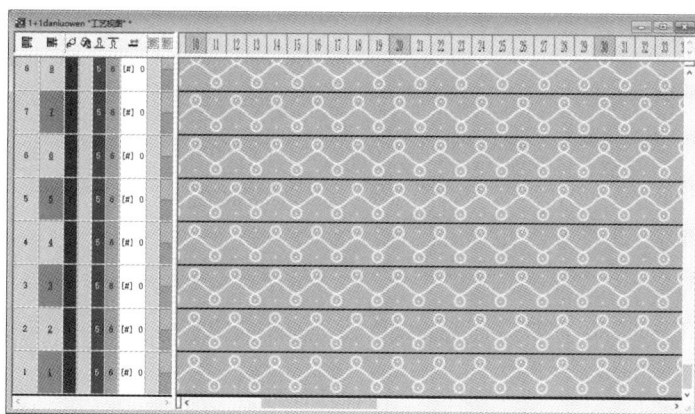

（b）工艺视图

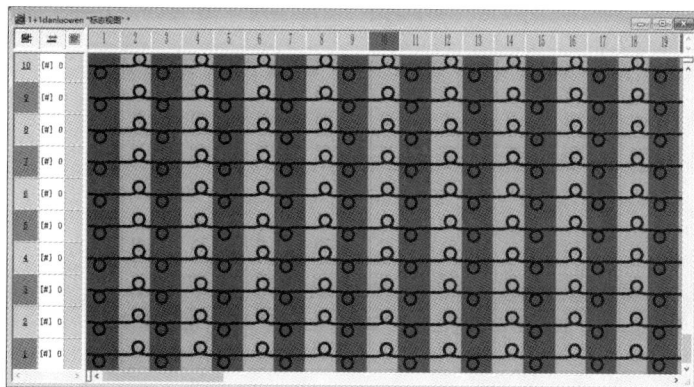

（c）标志视图

图3-11　1＋1单罗纹花型设计

1+1单罗纹组织属于双面组织，在程序设计与花型绘制时要注意以下几点：

（1）在新花型设计时首先把针床对位调整至"#"位，即针床相对位置。

（2）采用工具栏"织针动作-线圈长度"中的 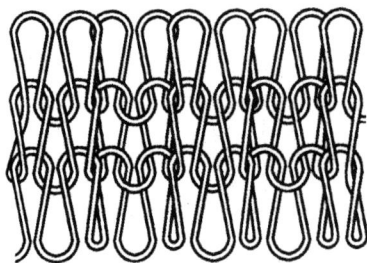 "前针床线圈翻针"和 "后针床线圈翻针"来绘制新花型；也可以采用 "前针床线圈"和 "后针床线圈"绘制，若采用不带翻针动作的前后针床线圈，要注意检查挂针现象。

（3）调整正式编织1+1单罗纹部分的NP值到双面密度，可将NP5（前针床线圈长度）设置为10.0左右，NP6（后针床线圈长度）设置为10.0左右，NP值大小可随编织用纱线的粗细和牵拉力大小等做适当调整，前针床线圈长度（NP值）和后针床线圈长度（NP值）要基本相同。

（4）在起头模块设置处选择"转换双面"；起头罗纹一般选择"1×1罗纹"，且起头罗纹要和正式编织罗纹正反面线圈纵行位置一致。

二、其他罗纹组织的设计与编程

（一）2+2罗纹组织

2+2罗纹组织是指由2个正面线圈纵行和2个反面线圈纵行相间配置而成的组织，包括2×1罗纹组织和2×2罗纹组织。

1.组织结构

2×1罗纹组织在编织时两个针床相错排列，两针床均2隔1选针，且两针床工作织针2隔2相间配置。2×1罗纹组织结构较为紧密，弹性好，不卷边，顺编织方向和逆编织方向都能脱散，逆编织方向脱散后就形成松散的1×1罗纹。在用于毛衫下摆时，2×1罗纹不利于向单面纬平针组织的翻针操作，翻针后有重叠线圈，不够平整。图3-12所示为2×1罗纹组织的线圈结构图和编织图。

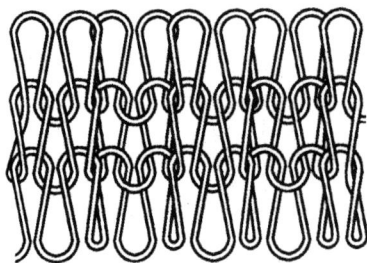

（a）线圈结构图

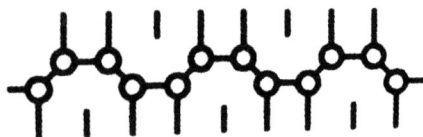

（b）编织图

图3-12　2×1罗纹组织

2×2罗纹编织时两个针床相对排列，两针床均2隔2选针，且两针床工作织针2隔2相间配置。2×2罗纹组织结构较松散，由于正反面线圈间沉降弧较长，它可以方便地进行单面平针的翻针操作，翻针后织物线圈纵行不变，平整光滑。如图3-13所示为2×2罗纹组织的线圈结构图和编织图。

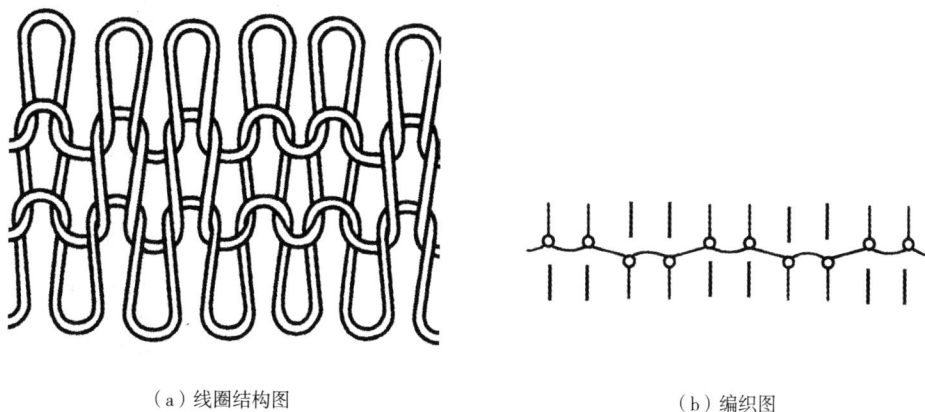

(a) 线圈结构图　　　　　　　　　　(b) 编织图

图3-13　2×2罗纹组织

2. 编程设计与花型绘制

根据2+2罗纹组织的编织原理，在花型设计时采用"前针床线圈翻针""后针床线圈翻针"及"前针床线圈-后针床线圈"来绘制，2×1罗纹组织和2×2罗纹组织的织物视图、工艺视图和标志视图分别如图3-14和图3-15所示。

2×1罗纹组织和2×2罗纹组织均属于双面组织，在程序设计与制作时要注意以下几点：

（1）在新花型设计时，2×1罗纹组织要把针床对位调整至"N位"，即针床相错位置；2×2罗纹组织要把针床对位调整至"#"位，即针床相对位置。

（2）2×1罗纹组织采用工具栏"织针动作-线圈长度"中的　"前针床线圈翻针"、　"后针床线圈翻针"和　"前针床线圈-后针床线圈"来绘制新花型。2×2罗纹组织采用工具栏"织针动作-线圈长度"中的　"前针床线圈翻针"和　"后针床线圈翻针"来绘制新花型，尽量不采用不带翻针动作的　"前针床线圈"和　"后针床线圈"来绘制，否则会出现挂针现象。

（3）调整正式编织罗纹部分的NP值至双面组织密度，可将NP5（前针床线圈长度）设置为10.5左右，NP6（后针床线圈长度）设置为10.5左右，NP值大小可随编织用纱线的粗细、

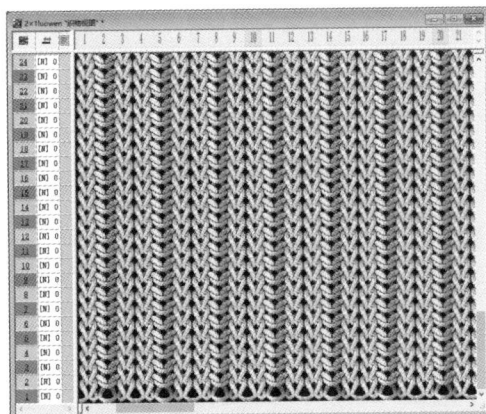

（a）织物视图

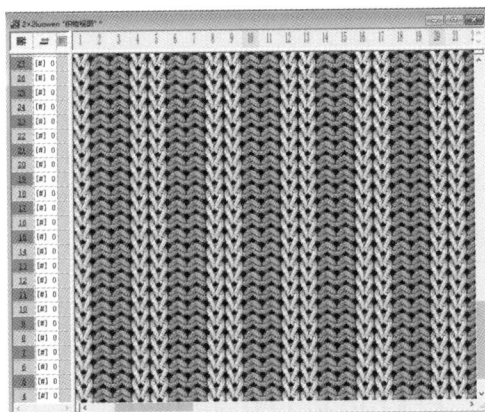

（a）织物视图

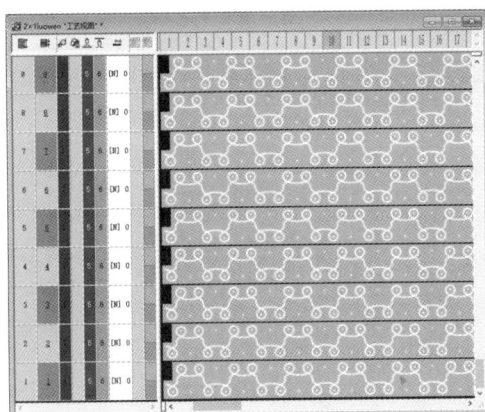

（b）工艺视图

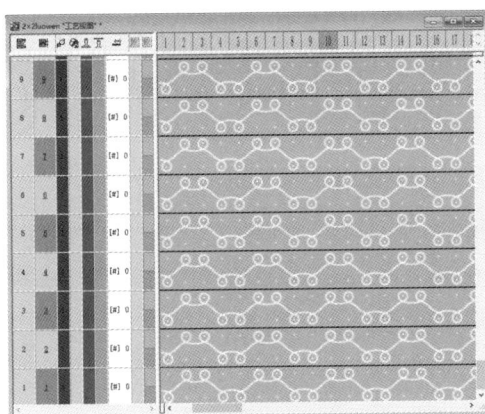

（b）工艺视图

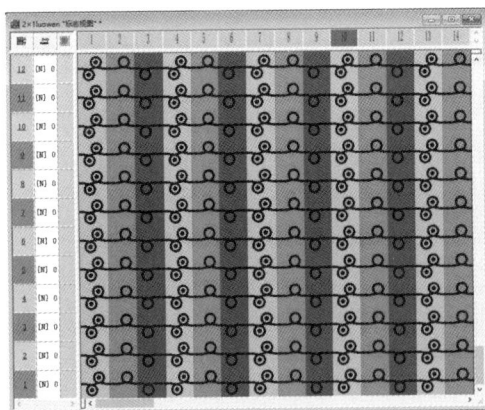

（c）标志视图

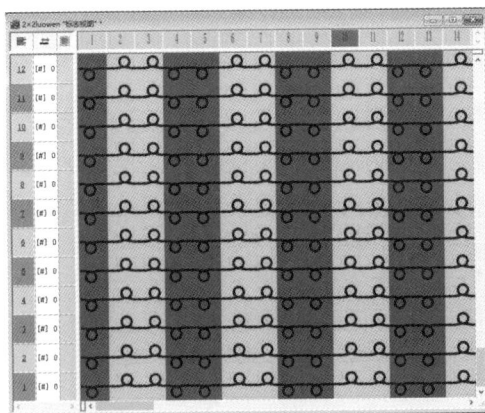

（c）标志视图

图3-14　2×1罗纹组织花型设计

图3-15　2×2罗纹组织花型设计

牵拉力大小等做适当调整，前针床线圈长度（NP值）和后针床线圈长度（NP值）要基本相同。

（4）在起头模块设置处选择"转换双面"；起头罗纹选择与正式编织罗纹一致，如2×1罗纹组织起头罗纹选择"2×1罗纹"，2×2罗纹组织起头罗纹选择"2×2罗纹"，且起头罗纹的正反线圈纵行位置要和正式编织罗纹保持一致。

除了2+2罗纹组织外，3+3罗纹组织也可分为3×2罗纹组织和3×3罗纹组织，其编织图如图3-16所示，其基本特性、编程方法和2+2罗纹基本类似。

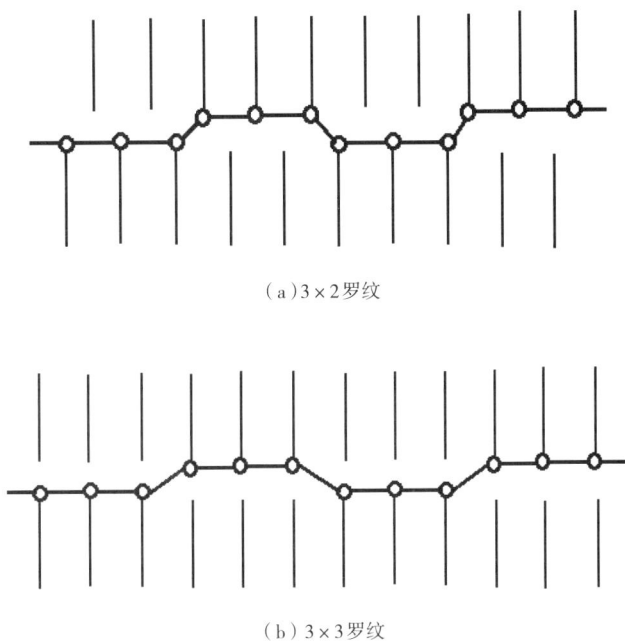

（a）3×2罗纹

（b）3×3罗纹

图3-16 3+3罗纹组织

（二）变化罗纹组织——双罗纹组织

1. 组织结构

双罗纹组织属于罗纹组织的一种变化组织，又称为双正面组织，是由两个罗纹组织彼此叠加复合而成的，即在一个罗纹组织线圈纵行之间配置另一个罗纹组织的线圈纵行。在双罗纹组织的线圈结构中，一个罗纹组织的反面线圈纵行始终被另一个罗纹组织的正面线圈纵行所遮盖，不管织物横向是否受到拉伸，在织物两面都只能看到正面线圈。双罗纹组织只能逆编织方向脱散；线圈间摩擦较大，当织物中有一根纱线断裂时，另一组罗纹仍可担负外力的作用，防止破洞扩大，脱散性较小；织物平整，基本没有卷边现象；在未充满系数和线圈纵行的配置与罗纹组织相同的条件下，其延伸性、弹性较罗纹组织小。由于双罗纹组织的两层线圈之间有一定的间隙，织物保暖性较好，被广泛用于春秋衫、裤。如图3-17所示为双罗纹组织的线圈结构图和编织图。

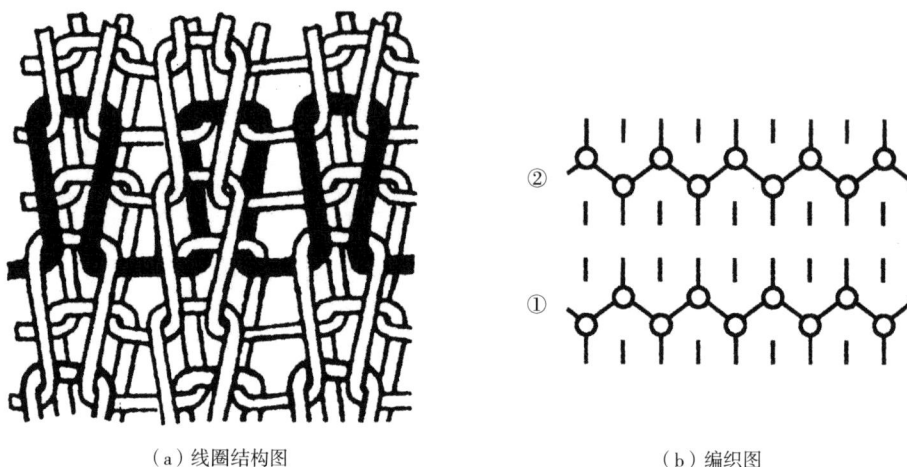

（a）线圈结构图   （b）编织图

图3-17　双罗纹组织

2. 编程设计与花型绘制

根据双罗纹组织的编织原理，在花型设计时采用"前针床线圈"和"后针床线圈"来绘制，其织物视图、工艺视图和标志视图如图3-18所示。

双罗纹组织属于双面组织，在程序设计与花型绘制时要注意以下几点：

（1）在新花型设计时把针床对位调整至"#"位，即针床相对位置。

（2）采用工具栏"织针动作-线圈长度"中的 ![图标]"前针床线圈"和 ![图标]"后针床线圈"来绘制新花型，不可采用带有翻针符号的前后针床线圈。

（3）调整正式编织罗纹部分的NP值至双面组织密度，可将NP5（前针床线圈长度）设置为10.0左右，NP6（后针床线圈长度）设置为10.0左右，NP值大小可随编织用纱线的粗细做适当调整，前针床线圈长度（NP值）和后针床线圈长度（NP值）要保持一致。

（4）在起头模块设置处选择"转换双面"，起头罗纹可根据需要选择。

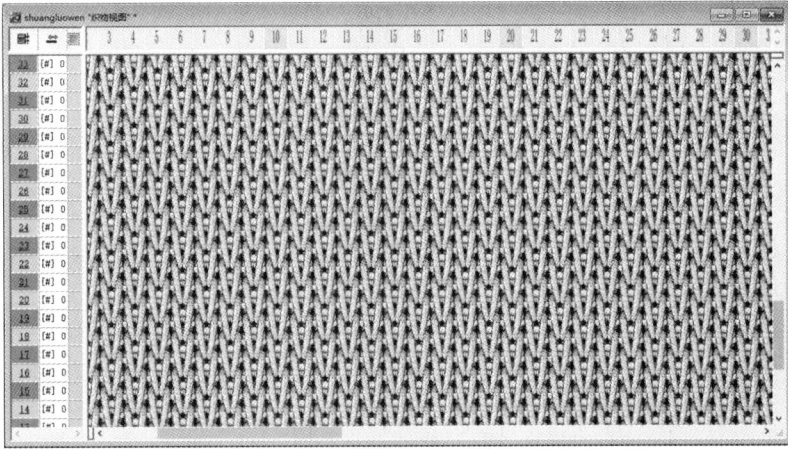

（a）织物视图

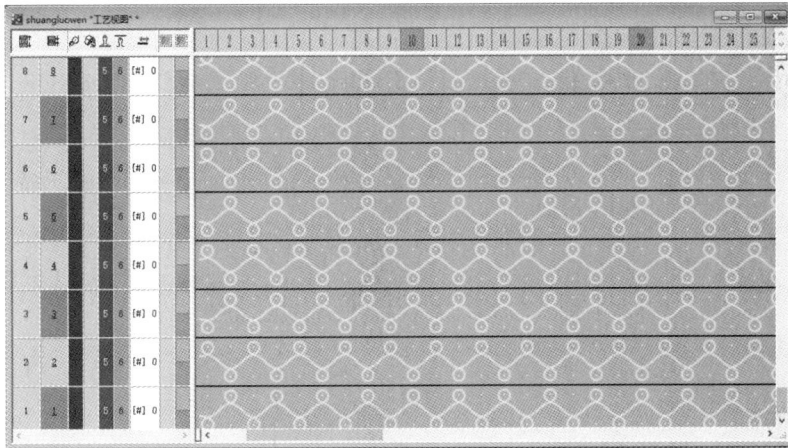

（b）工艺视图

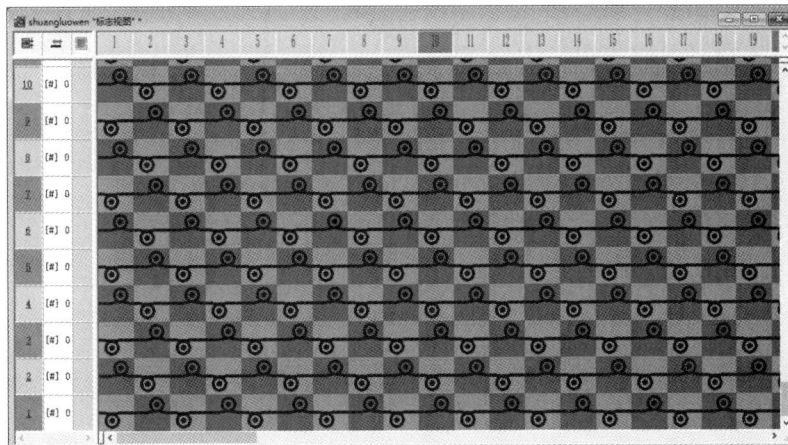

（c）标志视图

图3-18 双罗纹组织花型设计

第三节　双反面组织的设计与编程

一、基本双反面组织的设计与编程

（一）组织结构

双反面组织是指由正面线圈横列和反面线圈横列相互交替配置而成的组织，如图3-19所示为最基本的 1 + 1 双反面组织的线圈结构图和编织图，由一个正面线圈横列和一个反面线圈横列组成最小完全组织。双反面组织由于弯曲纱线弹力的关系导致线圈倾斜，使织物的两面都有线圈的圈弧凸出在前，圈柱凹陷在里，因而当织物不受外力作用时，在织物正反两面看上去都像纬平针组织的反面，故称双反面组织。双反面组织纵向具有很大的延伸性和弹性；其脱散性与纬平针组织相同，可顺编织方向和逆编织方向脱散；而其卷边性随正面线圈横列和反面线圈横列组合的不同而不同，如 1 + 1、2 + 2 这种由相同数目正反面线圈横列组合而成的双反面组织，因卷边力互相抵消，故不会卷边。双反面组织被广泛地应用于毛衫、围巾、帽子和袜子的生产中。

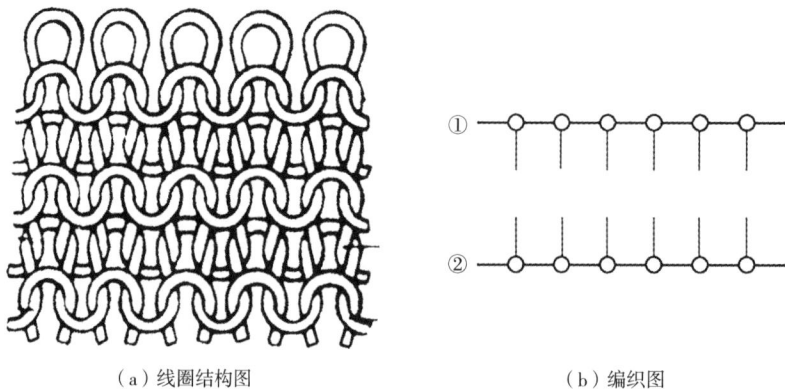

（a）线圈结构图　　　　　　　　　（b）编织图

图3-19　双反面组织

在 1 + 1 双反面组织的基础上，可以产生不同的结构和花色效应，如不同正反面线圈横列数的相互交替配置可以形成 2 + 2、3 + 3、2 + 3 等双反面结构。

（二）编程设计与花型绘制

根据双反面组织的编织原理，在花型设计时采用"前针床线圈翻针"和"后针床线圈翻针"来绘制，其织物视图、工艺视图和标志视图如图3-20所示。

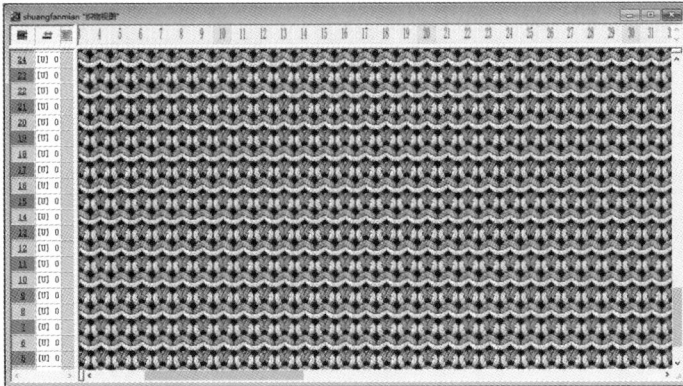

（a）织物视图

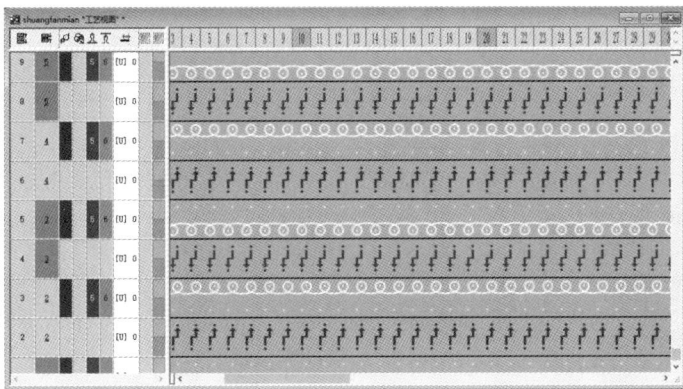

（b）工艺视图

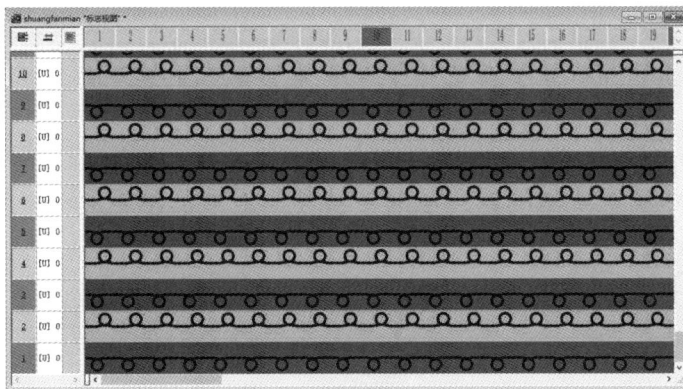

（c）标志视图

图3-20　双反面组织花型设计

双反面组织虽然属于双面组织，但每一工艺行采用的都是单面编织，在程序设计与花型绘制时要注意以下几点：

（1）在新花型设计时可以把针床对位调整至"#"位，也可以不做调整，对织物编织影响不大。

（2）采用工具栏"织针动作–线圈长度"中的 "前针床线圈翻针"和 "后针床线圈翻针"轮流编织绘制新花型。

（3）正式编织部分NP值设置为单面线圈长度值，可将NP5（前针床线圈长度）设置为12.0～12.5，NP6（后针床线圈长度）设置为12.0～12.5，前针床线圈长度（NP值）和后针床线圈长度（NP值）要保持相同。

（4）在起头模块设置处选择"转换单面"。

（5）因前后针床翻针针数和翻针次数较多，为了保证翻针的安全性，在菜单栏"花型参数"的"设置"中，选择"翻针"窗口，在"多系统翻针"处选择设置相邻织针翻针为"两系统依次翻针"，如图3–21所示。图3–22为"F10"生成处理程序后的两系统翻针状态。

图3-21　翻针设置

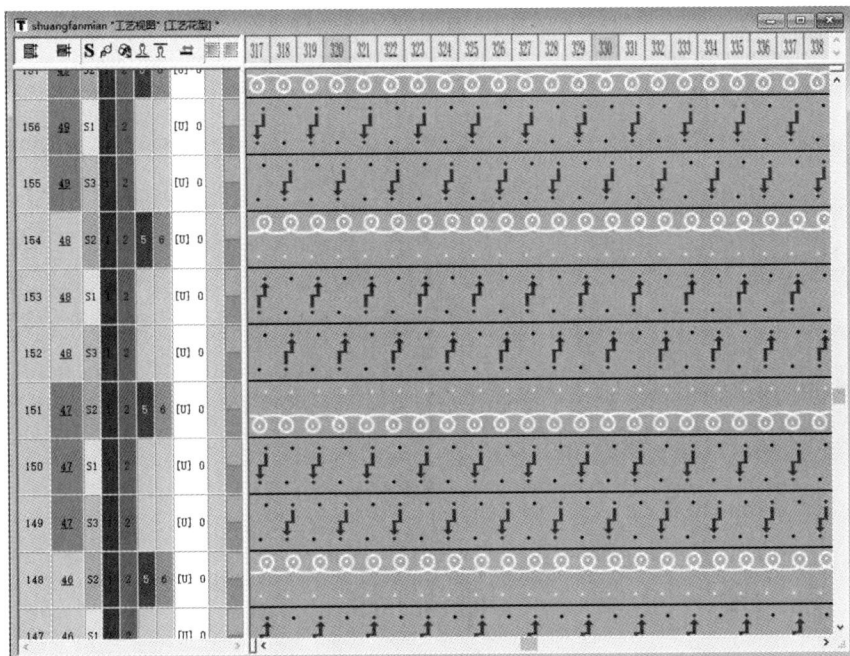

图3-22 两系统翻针

二、变化双反面组织的设计与编程

（一）组织结构

在双反面组织中，按照花纹要求，在织物表面混合配置正反面线圈区域，可形成不同形状的凹凸花纹效果。

（二）编程设计与花型绘制

根据变化双反面组织的编织原理，在花型设计时采用"前针床线圈翻针"和"后针床线圈翻针"来绘制，其织物视图、工艺视图和标志视图如图3-23所示。

变化双反面组织属于双面组织，在程序设计与花型绘制时要注意以下几点：

（1）在新花型设计时把针床对位调整至"#"位，即针床相对位置。

（2）采用工具栏"织针动作-线圈长度"中的 ⚘ "前针床线圈翻针"和 ⚘ "后针床线圈翻针"来绘制新花型，从图3-22可以看出通过正反线圈对比编织可形成三角形几何图案或文字等图案。

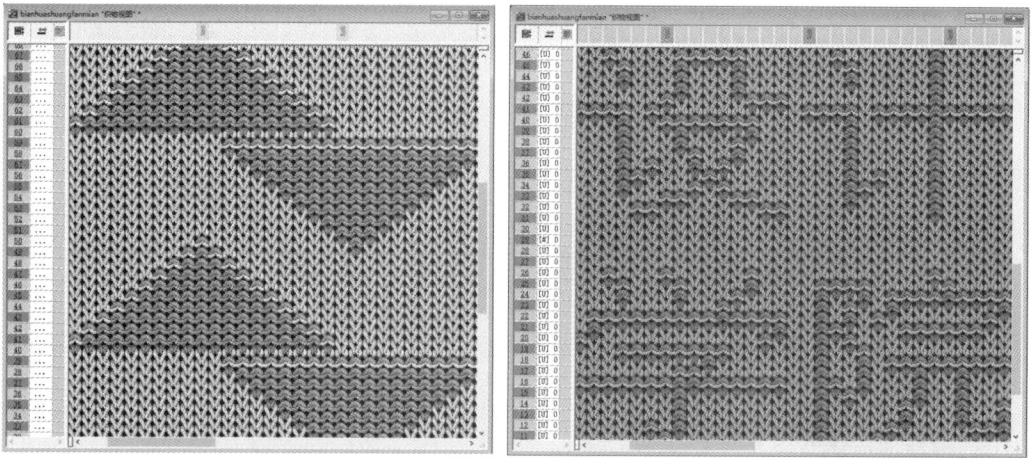

（a）织物视图

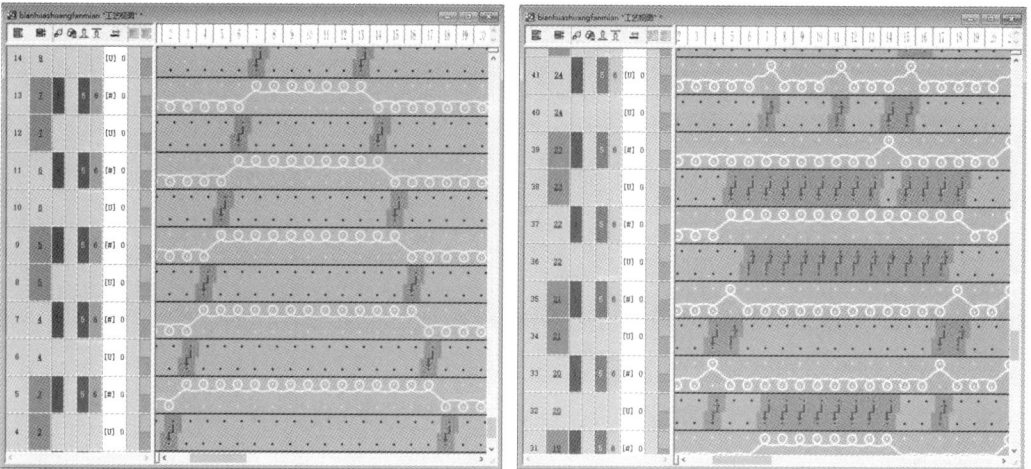

（b）工艺视图

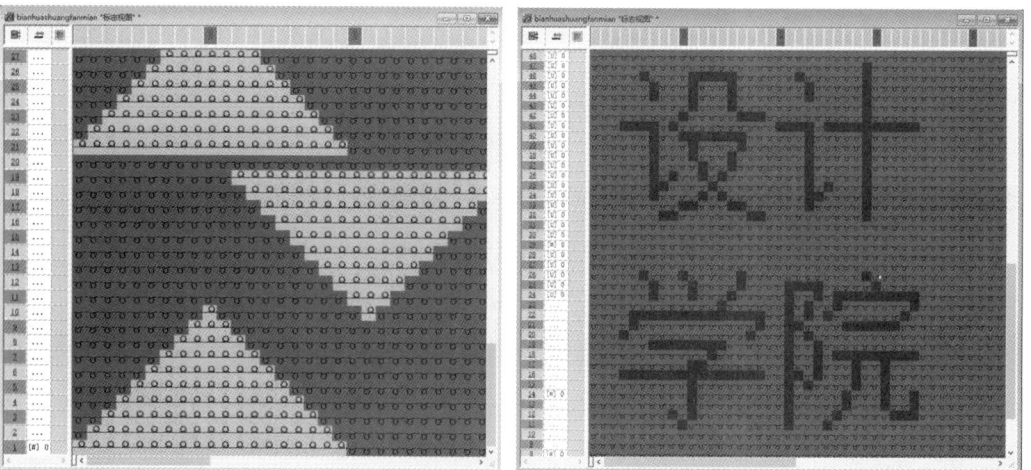

（c）标志视图

图3-23　变化双反面组织花型设计

（3）变化双反面组织虽为双面组织，但连续在一个针床做单面编织的区域较大，且翻针较多，所以正式编织部分NP值设置为单面线圈长度值，可将NP5（前针床线圈长度）设置为12.0～12.5，NP6（后针床线圈长度）设置为12.0～12.5，前针床线圈长度（NP值）和后针床线圈长度（NP值）要保持相同。

（4）在起头模块设置处选择"转换单面"。

（5）在菜单栏"花型参数"的"设置"中，选择"翻针"窗口，在"多系统翻针"处选择设置相邻织针翻针为"两系统依次翻针"模式。

思考练习题：

1. 设计一种具有交错纵条纹效果的组织，并编程。

2. 设计一种具有平行四边形效果的变化双反面组织，并编程。

3. 纬平针、罗纹和双反面组织在编程设计中密度和针床对位等设置有何不同？

4. 设计一种由单面纬平针组织和双面罗纹组合而成的组织，并编程。

第四章
电脑横机花色组织的设计与编程
———

本章知识点:

1. 移圈组织的程序设计要点。

2. 提花组织的程序设计要点。

3. 集圈组织的程序设计要点。

4. 凸点凸条组织的程序设计要点。

5. 嵌花组织的程序设计要点。

6. 波纹组织的程序设计要点。

7. 空气层组织的程序设计要点。

8. 横条组织的程序设计要点。

花色组织是指利用线圈结构单元的改变，或者另外编入一些色纱、辅助纱线或其他纺织原料，以形成具有显著花色效应和不同机械性能的花色针织物，可分为移圈组织、提花组织、集圈组织、嵌花组织、波纹组织等。花色组织种类繁多，电脑横机程序制作方法各不相同。掌握不同花色组织的程序设计要点，有助于更好地进行花型设计。

第一节　移圈类组织的设计与编程

移圈组织又称纱罗组织，是在基本组织基础上按照花纹要求将某些线圈进行移圈形成的组织，可形成孔眼效应、绞花效应和凹凸效应。采用不同的基本组织和不同的移圈方式，可以形成不同的移圈组织，电脑横机花型设计中常见的有挑孔、绞花和阿兰花三大类。

一、挑孔类移圈组织的设计与编程

1. 组织结构

挑孔类移圈组织是指在基本组织的基础上，根据花纹的要求，在不同织针、不同方向进行移圈。当一个线圈被转移到其相邻线圈上之后，纵行处线圈出现中断，从而在原来的位置上出现一个孔眼，适当安排孔眼的位置，就可以在织物表面形成由孔眼构成的各种花型或几何图案。影响挑孔织物花纹效果的因素很多，主要有孔眼的分布方式、移圈方向和移圈的针数，不同的挑孔方式形成的孔眼效果完全不同。电脑横机 M1plus 花型设计软件工具栏 "模块" 中提供了不同的挑孔模块，设计者可直接应用挑孔模块进行花型设计，表4-1 所示为部分挑孔模块，一般可分为左挑孔和右挑孔。

表4-1　部分挑孔模块

序号	左挑孔		右挑孔	
	标志视图符号	织物视图效果	标志视图符号	织物视图效果
1				

续表

序号	左挑孔		右挑孔	
	标志视图符号	织物视图效果	标志视图符号	织物视图效果
2				
3				
4				

2. 编程设计与花型绘制

根据挑孔类移圈组织的编织原理，移圈挑孔可以是一转一挑，也可以是半转一挑，其织物视图、工艺视图和标志视图如图4-1、图4-2所示。

挑孔类移圈组织可以在单面组织基础上形成，也可以在双面组织基础上形成；通常而言，单面组织基础上形成的挑孔比在双面组织基础上形成的挑孔效果更明显。在程序设计与花型绘制时要注意以下几点：

（1）在"新花型"界面选择地组织类型为"前针床线圈翻针"，即为纬平针组织的正面。

（2）采用工具栏"模块"中的 ◤ "挑孔移圈左"和 ◥ "挑孔移圈右"来绘制新花型，可通过移圈形成各类几何图案、字母等。

（3）图4-1与图4-2中的两个挑孔类移圈组织均采用了"单针挑孔"和"多针挑孔"相结合的方式，但图4-1采用"一转一挑"的移圈方式，图4-2采用"半转一挑"的移圈方式，两者挑孔方式不同，形成的图案也不相同。相对而言，"半转一挑"的图案要比"一转一挑"的图案更扁平一点，在设计时可根据花型设计需要有机结合。

（4）在新花型设计时，要注意移圈单元的分布，向左移圈和向右移圈单元要尽量均衡分布，否则会造成织物倾斜。

（5）调整正式编织移圈组织部分的NP值，可将NP5（前针床线圈长度）设置为12.0~12.5，NP6（后针床线圈长度）设置为12.0~12.5，移圈类组织的NP值一般比地组织纬平针组织的NP值要大一点，以保证移圈的安全性和稳定性。

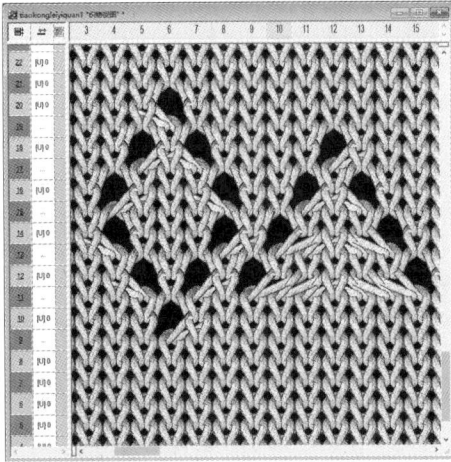

（a）织物视图

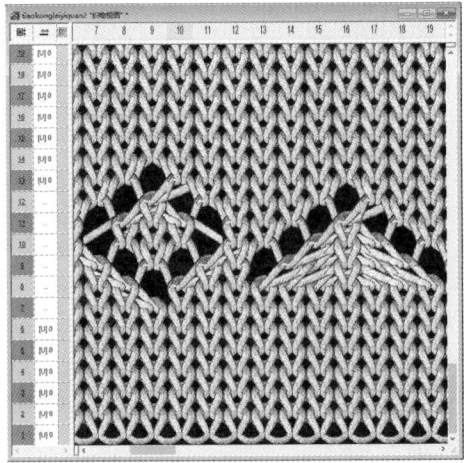

（a）织物视图

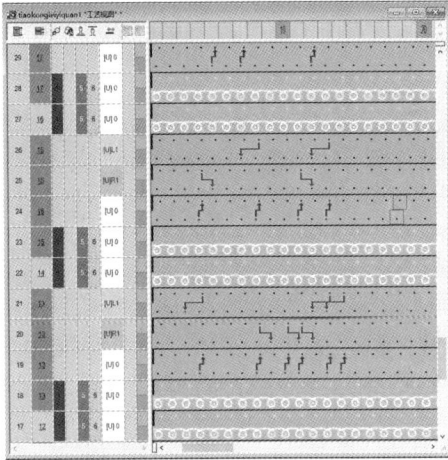

（b）工艺视图

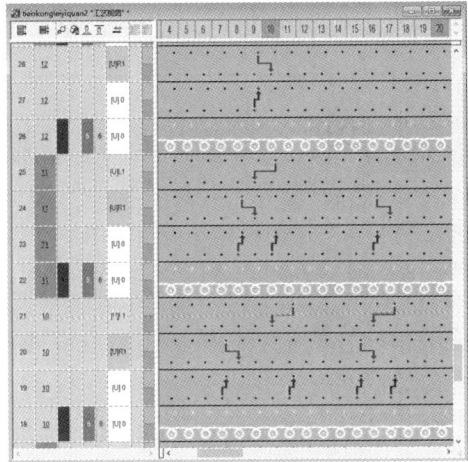

（b）工艺视图

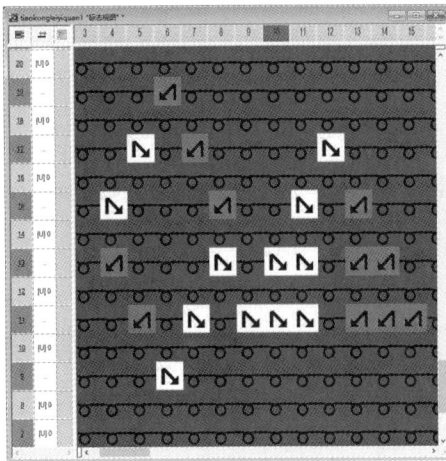

（c）标志视图

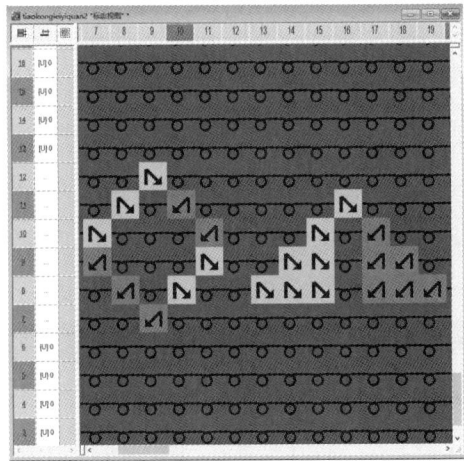

（c）标志视图

图4-1 挑孔类移圈组织1

图4-2 挑孔类移圈组织2

（6）起头模块设置处选择为"转换松散的行"。

（7）在菜单栏"花型参数"的"设置"中，选择"翻针"窗口，在"多系统翻针"处选择设置相邻织针翻针为"两系统依次翻针"。

二、绞花类移圈组织的设计与编程

1. 组织结构

绞花类移圈组织是根据花型设计的要求，将两枚或多枚相邻织针上的线圈相互移圈，使这些线圈的圈柱彼此交叉起来，形成具有扭曲图案花型的一种织物，表面会形成凹凸效果和扭绳外观。电脑横机M1plus花型设计软件工具栏"模块"中提供了不同的绞花模块。如表4-2所示，为部分绞花模块，包括1×1绞花、2×2绞花、3×3绞花、3×2绞花等。

表4-2 部分绞花模块

序号	左绞		右绞	
	标志视图符号	织物视图效果	标志视图符号	织物视图效果
1				
2				
3				

2. 编程设计与花型绘制

绞花组织根据基础组织的不同可分为单面绞花和双面绞花。相对而言，双面绞花的扭绳效果和凹凸效果比单面绞花要更加明显，因此针织毛衫设计中在双面组织基础上编织绞花更为多见。根据绞花类移圈组织的编织原理，进行了不同绞花组织的设计，其织物视图、工艺视图和标志视图如图4-3、图4-4所示。

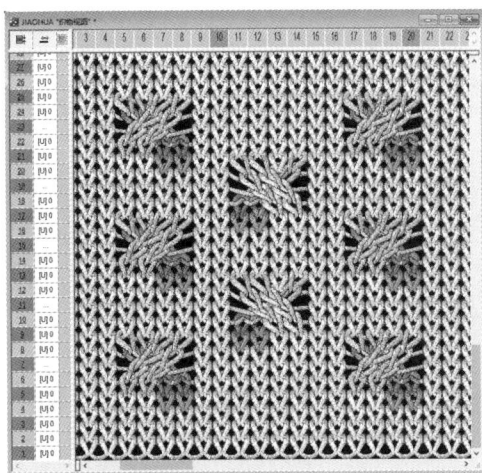

（a）织物视图

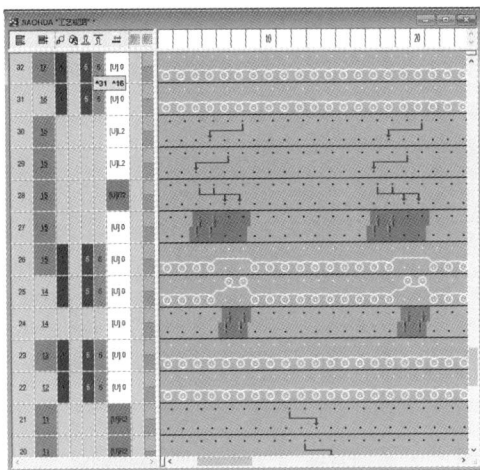

（a）织物视图

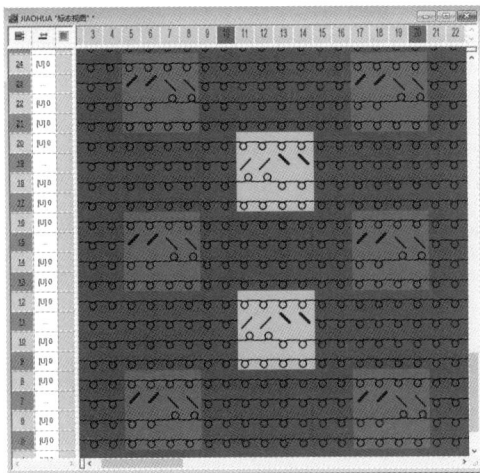

（b）工艺视图

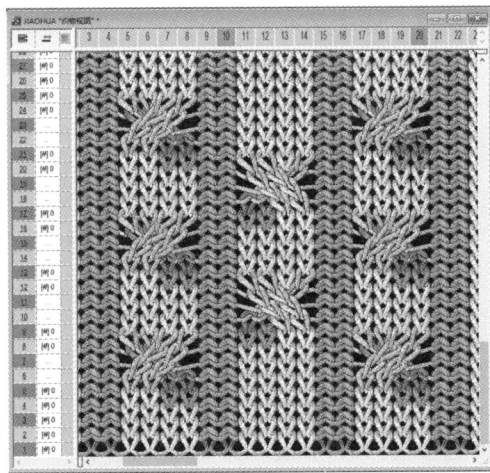

（b）工艺视图

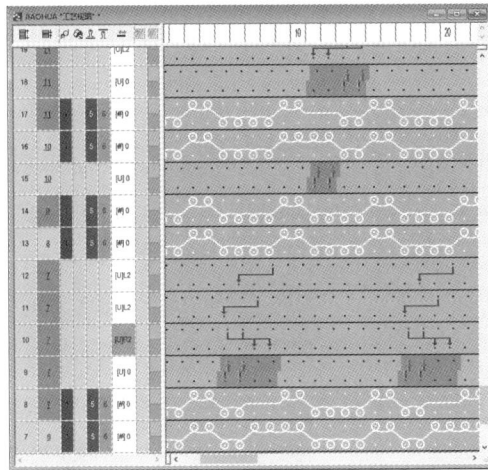

（c）标志视图

图4-3　单面绞花移圈组织

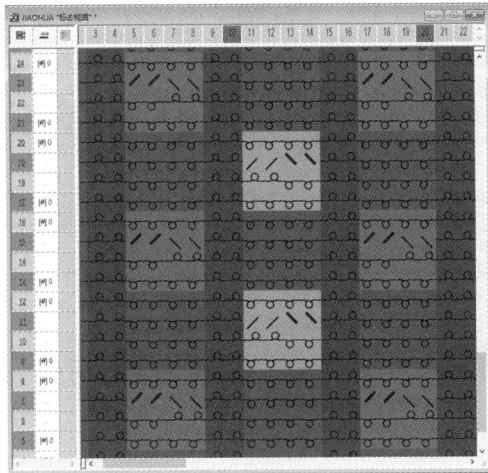

（c）标志视图

图4-4　双面绞花移圈组织

绞花类移圈组织在程序设计与花型绘制时要注意以下几点：

（1）在"新花型"界面选择地组织类型为"前针床线圈翻针"。

（2）单面绞花组织在纬平针组织基础上进行设计；双面绞花组织要先进行地组织罗纹组织的设计，且把针床对位改为"＃"位，即针床相对位置。

（3）采用工具栏"模块"中的 ⬚ "绞花2×2＜"和 ⬚ "绞花2×2＞"来绘制新花型。图4-3所示为在单面纬平针基础上设计的绞花移圈组织，图4-4所示为在双面罗纹组织基础上设计的绞花移圈组织。两个组织采用同样的2×2绞花模块进行设计，但由于地组织不同，形成的花型效果也不相同；单面绞花移圈组织形成线圈交叉的效果，凹凸感不强，双面绞花移圈组织凹凸立体感强，绞花效果明显。

（4）在新花型设计时，要注意两边绞花模块的完整性，防止布边损坏。

（5）设置正式编织绞花移圈组织部分的NP值为单面线圈长度，将NP5（前针床线圈长度）设置为12.0～12.5，NP6（后针床线圈长度）设置为12.0～12.5。

（6）起头模块设置处选择为"转换松散的行"。

三、阿兰花移圈组织的设计与编程

1. 组织结构

阿兰花是指利用移圈的方式使相邻纵行上线圈相互交换位置，即前后针床的织针在不同针床上按相反方向进行移圈，从而在织物中形成凸出于织物表面的倾斜线圈纵行，可组成菱形、网格等各种结构花型。电脑横机M1plus花型设计软件工具栏"模块"中提供了不同的阿兰花模块，如表4-3所示为部分阿兰花模块，包括1×1阿兰花、2×1阿兰花、3×1阿兰花等。

表4-3 部分阿兰花模块

序号	向左		向右	
	标志视图符号	织物视图效果	标志视图符号	织物视图效果
1				

续表

序号	向左		向右	
	标志视图符号	织物视图效果	标志视图符号	织物视图效果
2				
3				

2. 编程设计与花型绘制

根据阿兰花移圈组织的编织原理，阿兰花可形成菱形、网格、曲折条纹等各种效果，可在纬平针组织的正面形成，也可在纬平针组织的反面形成。一般以纬平针组织的反面为地组织形成的凹凸立体效果更加明显，其织物视图、工艺视图和标志视图如图4-5、图4-6所示。

阿兰花移圈组织在程序设计与化型绘制时要注意以下几点：

（1）在"新花型"界面选择地组织类型可为"前针床线圈翻针"或"后针床线圈翻针"，分别以纬平针组织的正面和反面作为地组织。

（2）采用工具栏"模块"中的 "阿兰花3×1<"和 "阿兰花3×1>"来绘制新花型。图4-5所示为以纬平针组织的正面为地组织形成的菱形状阿兰花移圈组织，图4-6所示为以纬平针组织的反面为地组织形成的菱形状阿兰花移圈组织。两个组织采用同样的3×1阿兰花模块进行设计，为了形成交叉的菱形效果，在阿兰花模块的基础上增加了相应的绞花模块。相对而言，图4-6中的阿兰花组织的菱形效果，由于正反线圈的对比，凹凸效果要明显得多。

（3）在新花型设计时，要注意两边阿兰花模块的完整性，防止布边损坏。

（4）设置正式编织阿兰花移圈组织部分的NP值为单面线圈长度，NP5（前针床线圈长度）设置为12.0～12.5，将NP6（后针床线圈长度）设置为12.0～12.5。为了保证编织过程顺利进行，其NP值也可适当调大。

（5）在起头模块设置处选择"转换松散的行"。

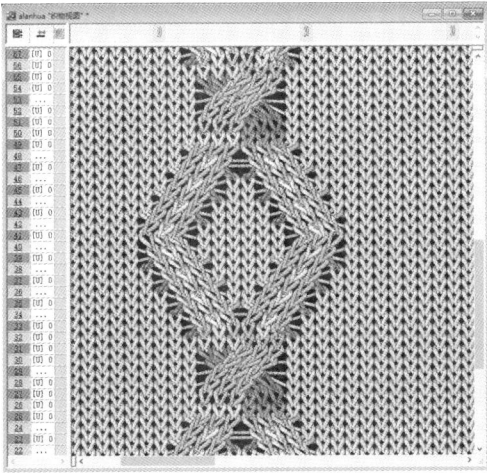

（a）织物视图

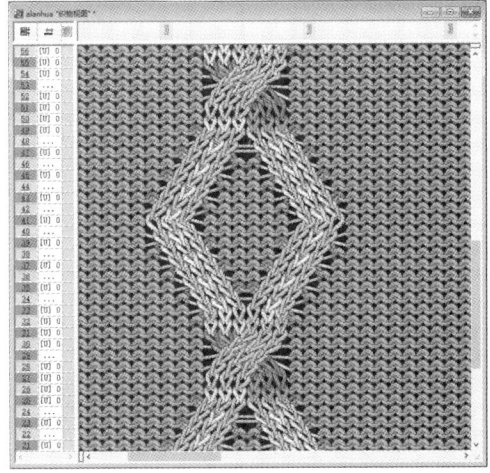

（a）织物视图

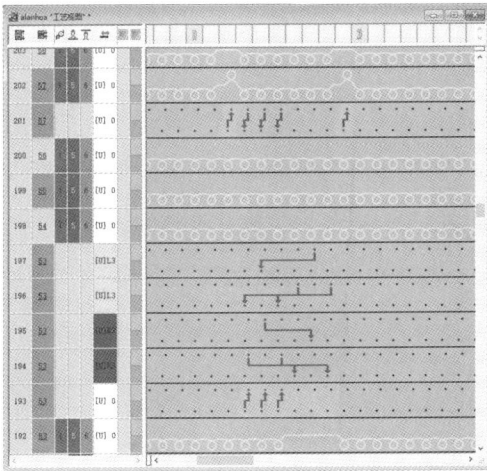

（b）工艺视图

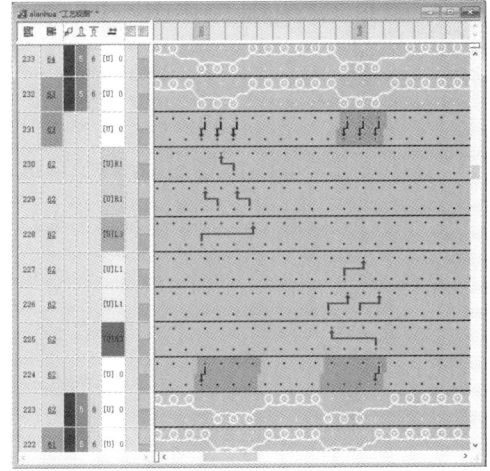

（b）工艺视图

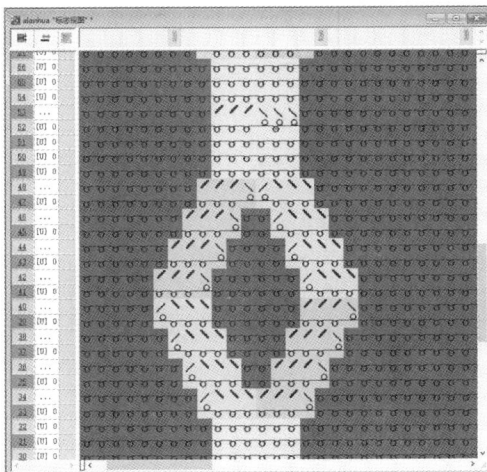

（c）标志视图

图4-5　阿兰花移圈组织1

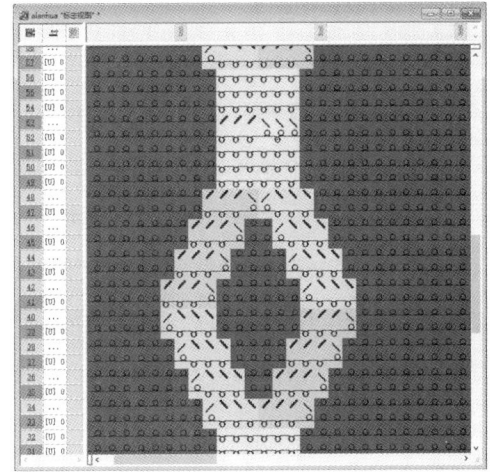

（c）标志视图

图4-6　阿兰花移圈组织2

第二节　提花类组织的设计与编程

提花组织是指将纱线垫放在按花纹要求所选择的某些织针上编织成圈，而未垫放纱线的织针不成圈，纱线呈浮线浮在这些不参加编织的织针后面所形成的一种花色组织，可形成各种花型图案效果和凹凸效果等。提花组织根据基础组织的不同可分为单面提花和双面提花，根据参与编织的纱线数可分为单色、双色、多色提花等。

一、单面提花组织的设计与编程

（一）组织结构

在单面组织基础上进行提花编织形成提花图案的组织称为单面提花组织。根据线圈大小的不同，单面提花组织可分为均匀提花和不均匀提花。单面均匀提花组织的线圈大小基本相同，每个线圈后面都有浮线，浮线数等于色纱数减一，由于浮线太长容易钩丝，一般同一种颜色连续编织在4~5个圈距内为宜；而单面不均匀提花组织的线圈大小不完全相同，结构不均匀，外观会形成凹凸效果。

（二）编程设计与花型绘制

1. 单面均匀提花

（1）可采用"绘图工具"来绘制提花图案，或者直接应用"模块"中的"PE-提花"图案，或者以图片导入的方式来设计新花型，单面提花新花型图案如图4-7所示。

（2）选定提花区域，点击菜单栏"编辑"中的"生成或编辑提花"，出现提花编辑界面，如图4-8所示。提花处选择"新建"，在颜色区域出现花型中的两种颜色，线圈长度选项打钩，代表应用提花模块线圈长度值；提花属性处选择"每行最少颜色"；提花图默认为"前"，提花类型选择Stoll提花模块中的"浮线"，点击应用，生成单面均匀提花。其织物视图正反面、工艺视图和标志视图如图4-9所示。

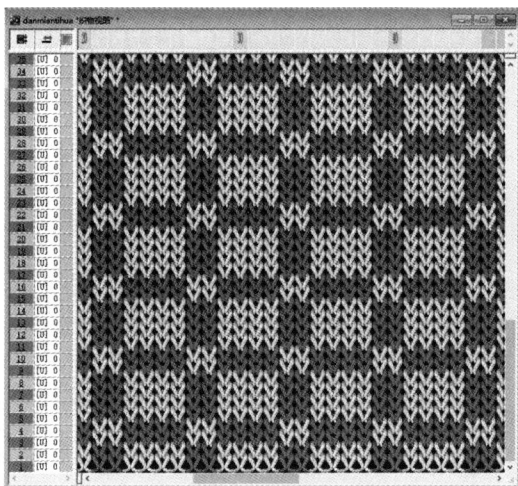

图4-7 单面提花图案

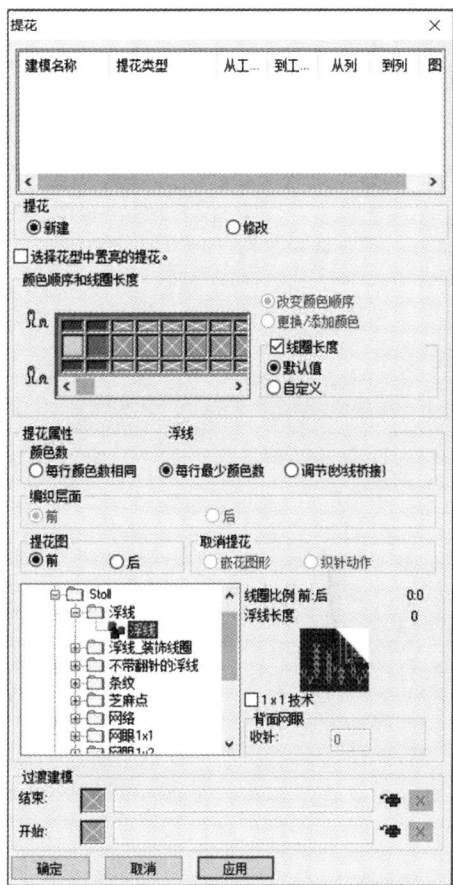

图4-8 单面提花编辑

（3）单面均匀提花因反面浮线较多，在设计新花型时颜色数不宜太多，且颜色色块不宜太大，否则浮线太长容易出现漏针。

（4）单面浮线提花在生成提花前要注意封边处理，减短两边浮线的长度，保证编织的安全性。

（5）单面均匀提花组织的线圈长度可采用提花模块默认长度，前后针床NP值均为12.0，也可根据纱线粗细、牵拉力大小等进行适当调整。

（6）在起头模块设置处选择"转换松散的行"。

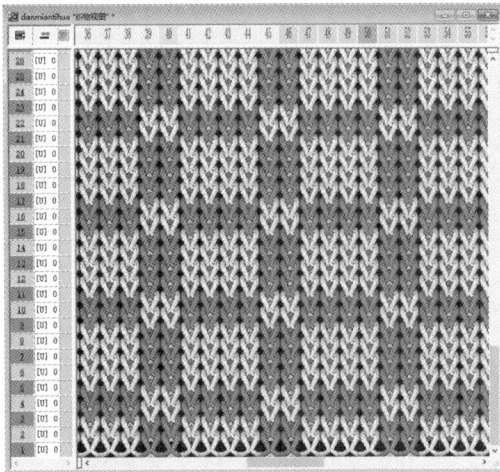
（a）织物视图正面

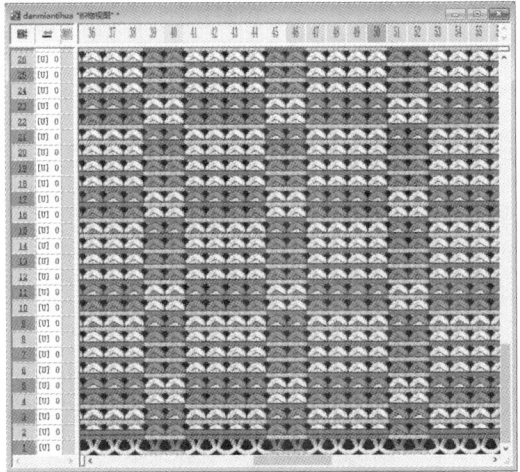
（b）织物视图反面

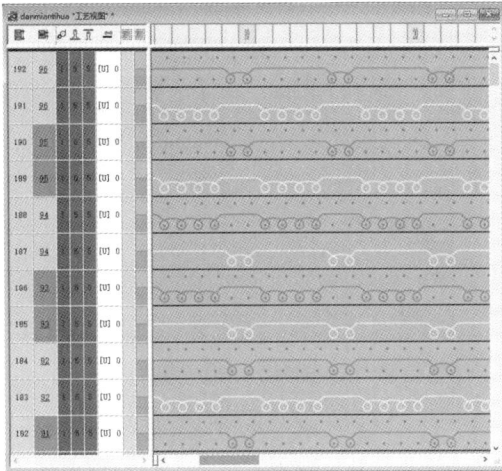
（c）工艺视图

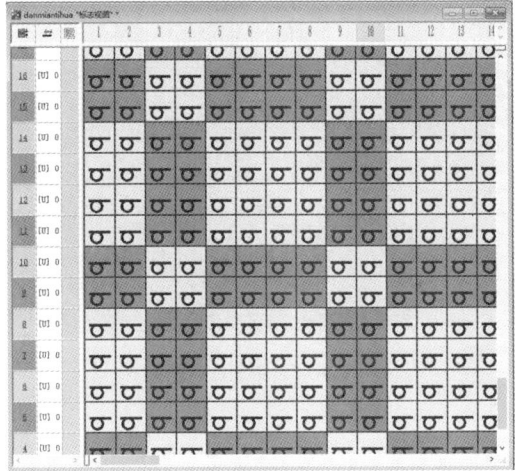
（d）标志视图

图4-9 单面均匀提花

2. 单面不均匀提花

单面不均匀提花一般采用不同颜色纱线组合编织，结合成圈线圈和浮线进行花型设计，其织物视图正反面、工艺视图和标志视图如图4-10所示。

（1）在"新花型"界面将地组织设置为"前针床翻针"，即采用纬平针组织的正面。

（2）采用蓝色纱线和黄色纱线轮流编织，黄色纱线采用 线圈和 浮线相结合，浮线处蓝色纱线线圈被拉长，形成了线圈大小不等的单面不均匀提花组织。

（3）同一织针连续不编织次数不宜过多，一般不超过5~6次，否则会因线圈不能无限被拉长而断裂。

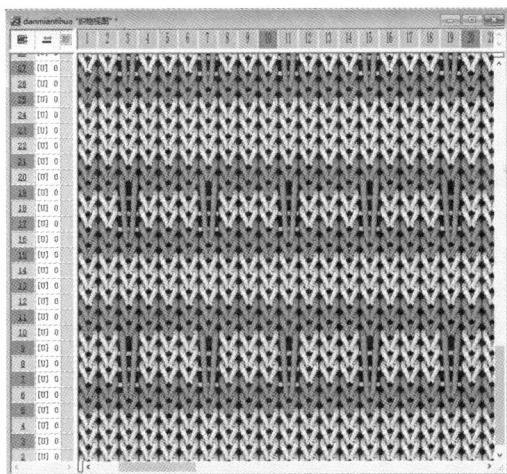

（a）织物视图正面

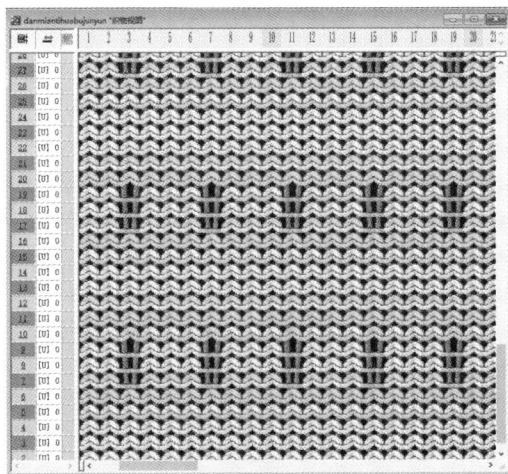

（b）织物视图反面

（c）工艺视图

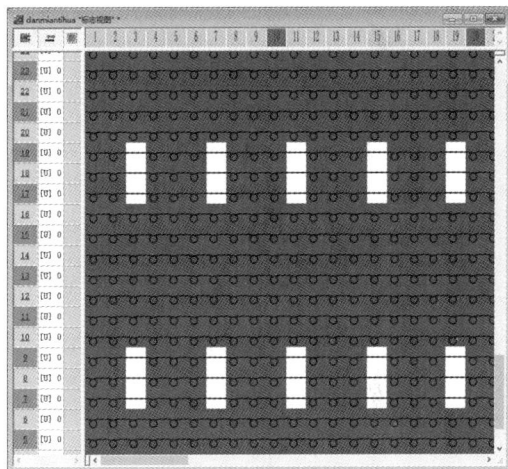

（d）标志视图

图4-10 单面不均匀提花

（4）将前针床线圈长度NP5设置为12.0，后针床线圈长度NP6设置为12.0，也可根据纱线粗细、牵拉力大小等进行适当调整。

（5）在起头模块设置处选择"转换松散的行"。

二、双面提花组织的设计与编程

（一）组织结构

在双面组织的基础上进行提花编织而形成提花图案的组织称为双面提花组织。织物正面按一定的花纹要求进行选针提花编织作为正面,反面按一定的结构进行编织作为织物反面;按照反面效果的不同,双面提花组织可以分为横条提花、芝麻点提花、空气层提花和露底提花等。

(二)编程设计与花型绘制

1.双面横条提花

双面横条提花指的是每一个横列编织时,正面按花型要求进行选针编织,反面在每一种纱线编织时后针床全部织针都参与编织,一种色纱编织一个横列,在反面形成横条纹效果的提花组织,其织物视图正反面、工艺视图和标志视图如图4-11所示。

(a)织物视图正面

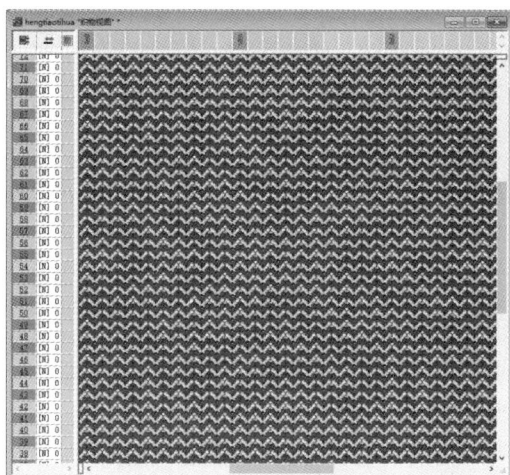

(b)织物视图反面

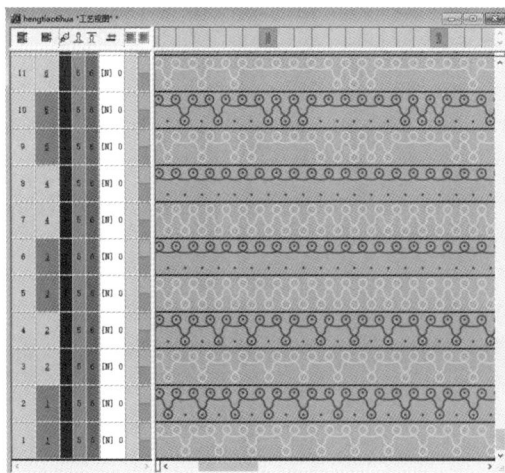

(c)工艺视图

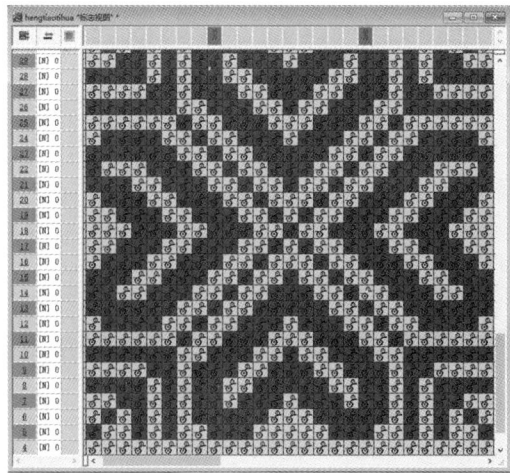

(d)标志视图

图4-11 双面横条提花

双面横条提花属于双面组织，其程序编织要点如下：

（1）可采用"绘图工具"来绘制提花图案，或者直接应用"模块"中的"PE-提花"图案，或者以图片导入方式来设计新花型。

（2）选定提花区域，点击菜单栏"编辑"中的"生成或编辑提花"，出现提花编辑界面，如图4-12所示，提花处选择"新建"，线圈长度选项打钩应用提花模块线圈长度值；提花属性处选择"每行颜色数相同"；提花图默认为"前"，提花类型选择Stoll提花模块中的"条纹"，点击应用，生成双面横条提花。

（3）双面横条提花由于前后针床织针参与编织的次数不同，所以织物正反面形成的线圈横列数也不同，反面线圈横列数明显大于正面线圈的横列数，即反面线圈纵密总是比正面线圈纵密大，且其差异取决于色纱数，如两色横条提花其正反面线圈横列为1∶2，如为三色横条提花则为1∶3，因此横条提花在设计时色纱数不宜太多，一般以2~3色为宜。

图4-12 双面横条提花编辑

（4）双面横条提花织物花型大小不受限制。

（5）横条提花线圈长度应用Stoll提花模块中的NP值，前针床线圈长度NP5为11.0，后针床线圈长度NP6为10.5，也可根据纱线粗细、牵拉力大小等进行适当调整。

（6）在起头模块设置处选择"转换双面"。

2. 双面芝麻点提花

双面芝麻点提花指的是正面按花型要求进行选针编织，反面由两种色纱以一隔一的方式轮流进行编织，在反面形成芝麻点效果的组织，其织物视图正反面、工艺视图和标志视图如图4-13所示。

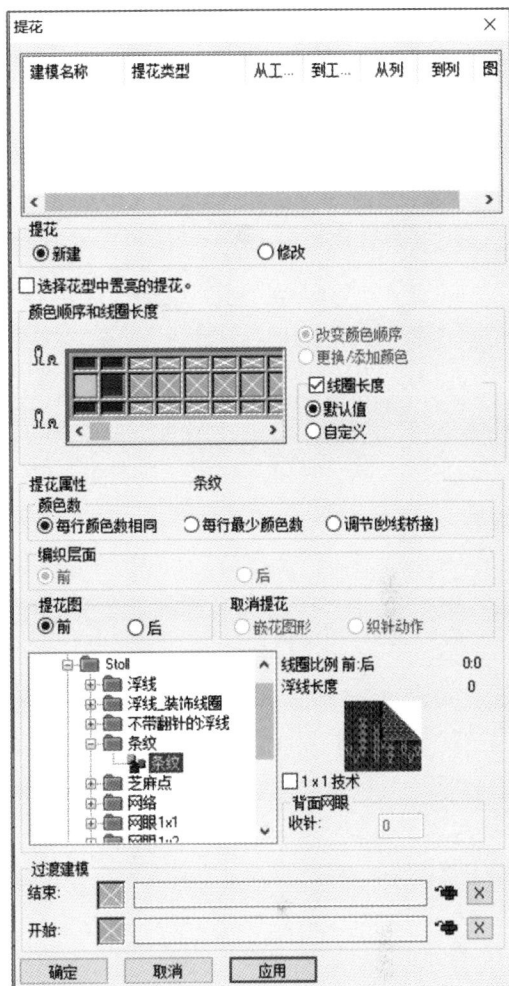

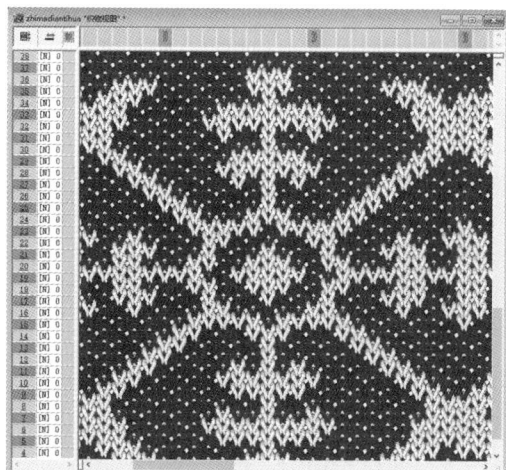

（a）织物视图正面

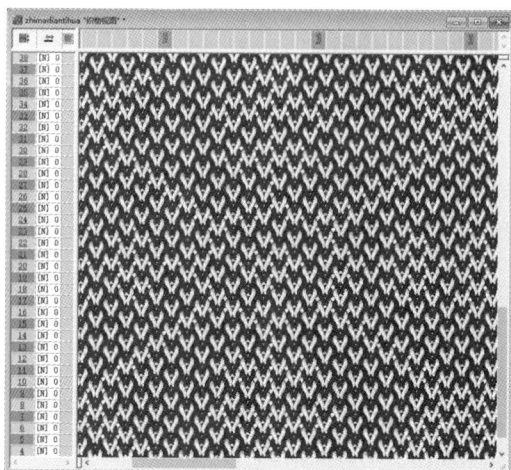

（b）织物视图反面

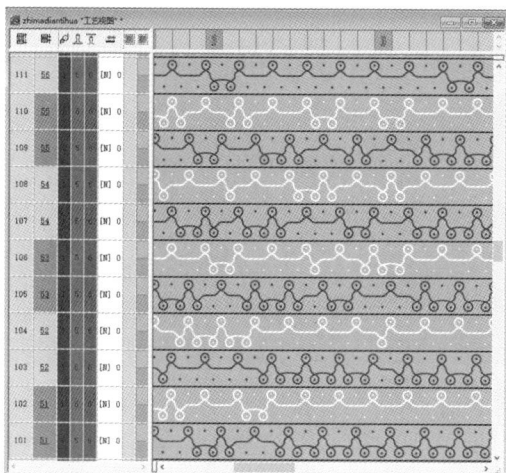

（c）工艺视图

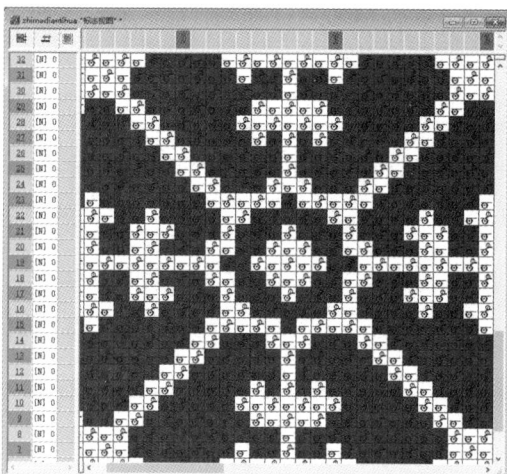

（d）标志视图

图4-13 双面芝麻点提花

双面芝麻点提花属于双面组织，其程序编织要点如下：

（1）可采用"绘图工具"绘制提花图案，或者直接应用"模块"中的"PE-提花"图案，或者以图片导入的方式来设计新花型。

（2）选定提花区域，点击菜单栏"编辑"中的"生成或编辑提花"，出现提花编辑界面，如图4-14所示，提花处选择"新建"，线圈长度选项打钩应用提花模块线圈长度值；提花属性处选择"每行颜色数相同"；提花图默认为"前"，提花类型选择Stoll提花模块中的"芝麻点"，点击应用，生成双面芝麻点提花。

（3）芝麻点提花组织的正反面的线圈横列数随色纱数的变化而不同，若为两色芝麻点提花，则正反面线圈横列数相同，正反面线圈纵密比为1：1，织物最为平整；若为三色芝麻点提花，正反面线圈纵密比则为2：3，反面线圈横列数多于正面线圈横列数，因此在新花型设计时也要考虑色纱数对图案的影响。

（4）双面芝麻点提花织物在设计时花型大小不受限制，适用性较广。

（5）芝麻点提花线圈长度应用Stoll提花模块中的NP值，前针床线圈长度NP5为11.0，后针床线圈长度NP6为10.5，也可根据纱线粗细、牵拉力大小等进行适当调整。

（6）在起头模块设置处选择"转换双面"。

3. 双面空气层提花

双面空气层提花组织是指不同颜色的纱线按照花纹图案分别在前后针床编织，在图案颜色变换处进行交叉编织，从而把前后层织片连接在一起的组织。空气层提花织物正反两面均有相同的花型图案，但图案颜色正好相反。

双面空气层提花属于双面组织，其程序编织要点如下：

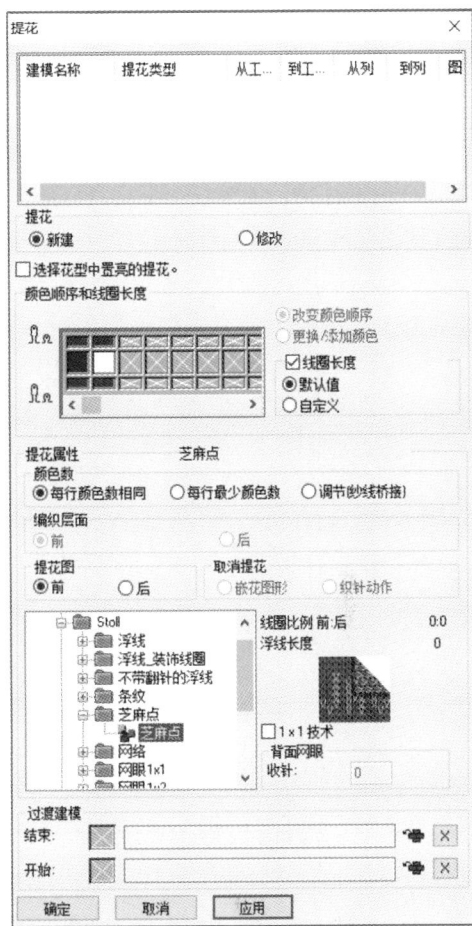

图4-14 双面芝麻点提花编辑

（1）可采用"绘图工具"绘制提花图案，或者直接应用"模块"中的"PE-提花"图案，或者以图片导入的方式来设计新花型。若采用图片导入方式来设计形成新花型，则选择菜单栏"文件""导入"中的"图片作为花型"，出现如图4-15所示的选择界面，点击"调入"选择调入图片（只可调入bmp、tif、pcx格式的图片），图片的像素大小决定花型的尺寸大小，即图片水平像素为花宽尺寸（开针针数），图片垂直像素为花高尺寸（花型横列数），因此调入的图片的水平像素不能超过电脑横机最大开针针数。调入图片后，点击下一步，进入"颜色选择"界面，如图4-16所示。根据图片特点，选择减少颜色数，如图中所示选择把颜色减少至2种，因此在框中选择数字"2"，然后点击上方"减少颜色"；若图片达到预期效果，点击下方"完成"，顺利导入新花型。

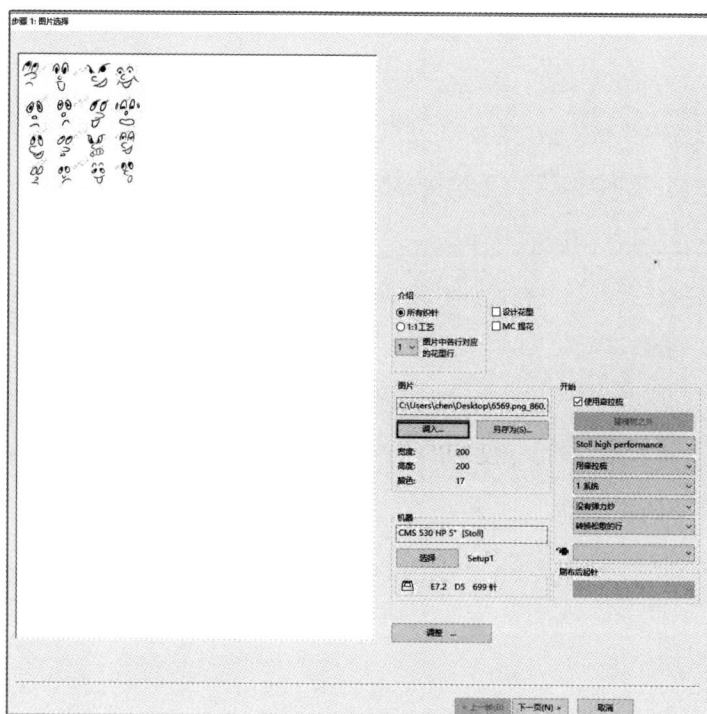

图4-15　图片选择

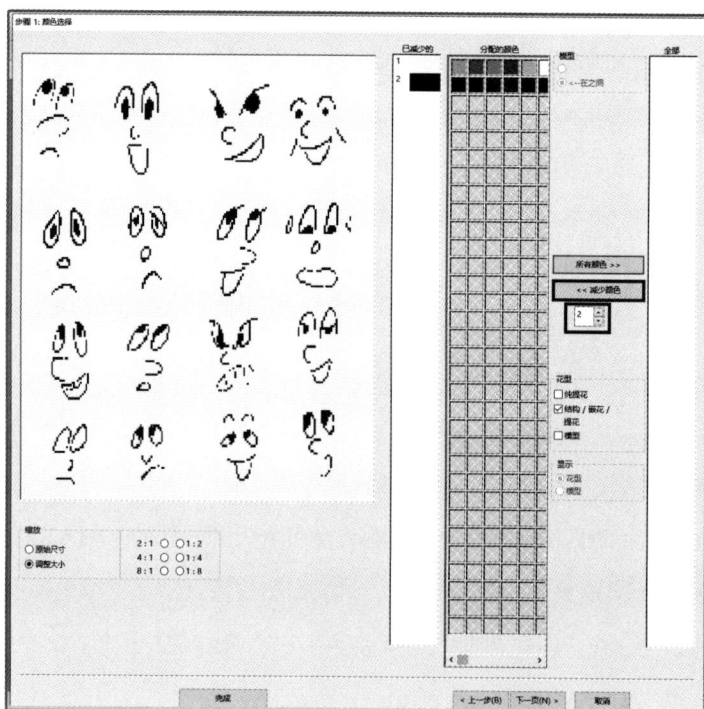

图4-16　颜色选择

（2）选定提花区域，点击菜单栏"编辑"中的"生成或编辑提花"，出现提花编辑界面，如图4-17所示。提花处选择"新建"，线圈长度选项打钩应用提花模块线圈长度值；提花属性处选择"每行颜色数相同"；提花图默认为"前"，提花类型选择Stoll提花模块中的"网络"，点击应用，生成双面空气层提花。其织物视图正反面、工艺视图和标志视图如图4-18所示。

（3）根据空气层提花组织的编织原理，在同一个相连的颜色区域内，两种不同颜色的纱线是分开单独在某一针床上连续编织，两层之间没有纱线连接，可以相互分离，类似于双层纬平针组织。若同一色块区域过大，可能会造成织物不够平整，因此设计新花型时，要注意色块区域的大小，在上机编织时，不同颜色的纱线尽量粗细一致。

（4）双面空气层提花织物要注意封边处理，且封边必须在生成提花前处理，可采用前后针床编织导纱器交叉放置的方式，使布边线圈相互连接。

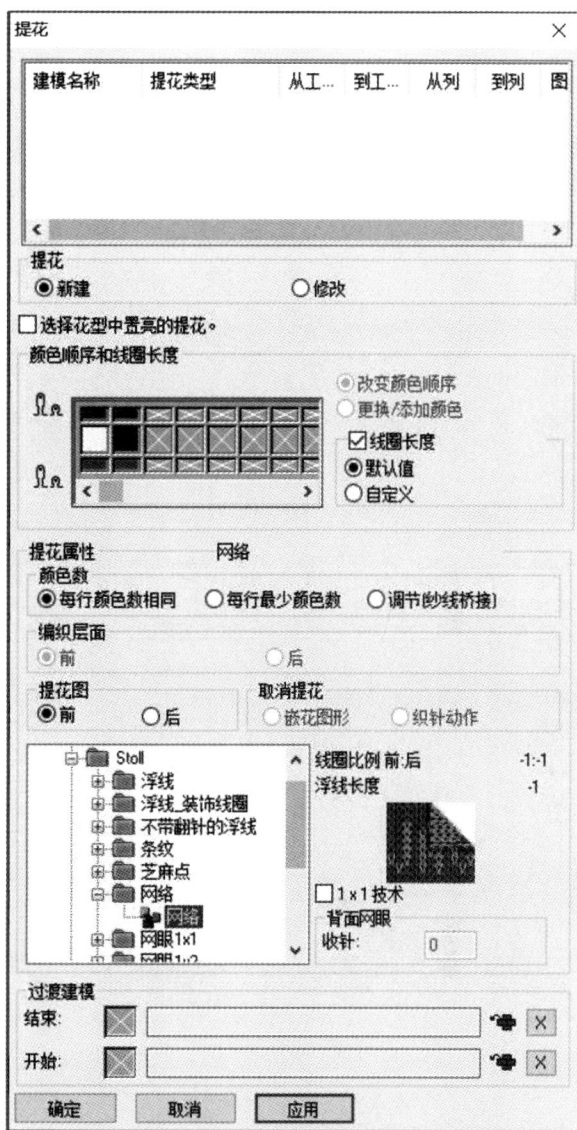

图4-17 双面空气层提花编辑

（5）空气层提花线圈长度应用Stoll提花模块中的NP值，前针床线圈长度NP5为12.0，后针床线圈长度NP6为12.0，也可根据纱线粗细、牵拉力大小等进行适当调整。

（6）在起头模块设置处选择"转换双面"。

（a）织物视图正面　　　　　　　　　　（b）织物视图反面

（c）工艺视图　　　　　　　　　　　（d）标志视图

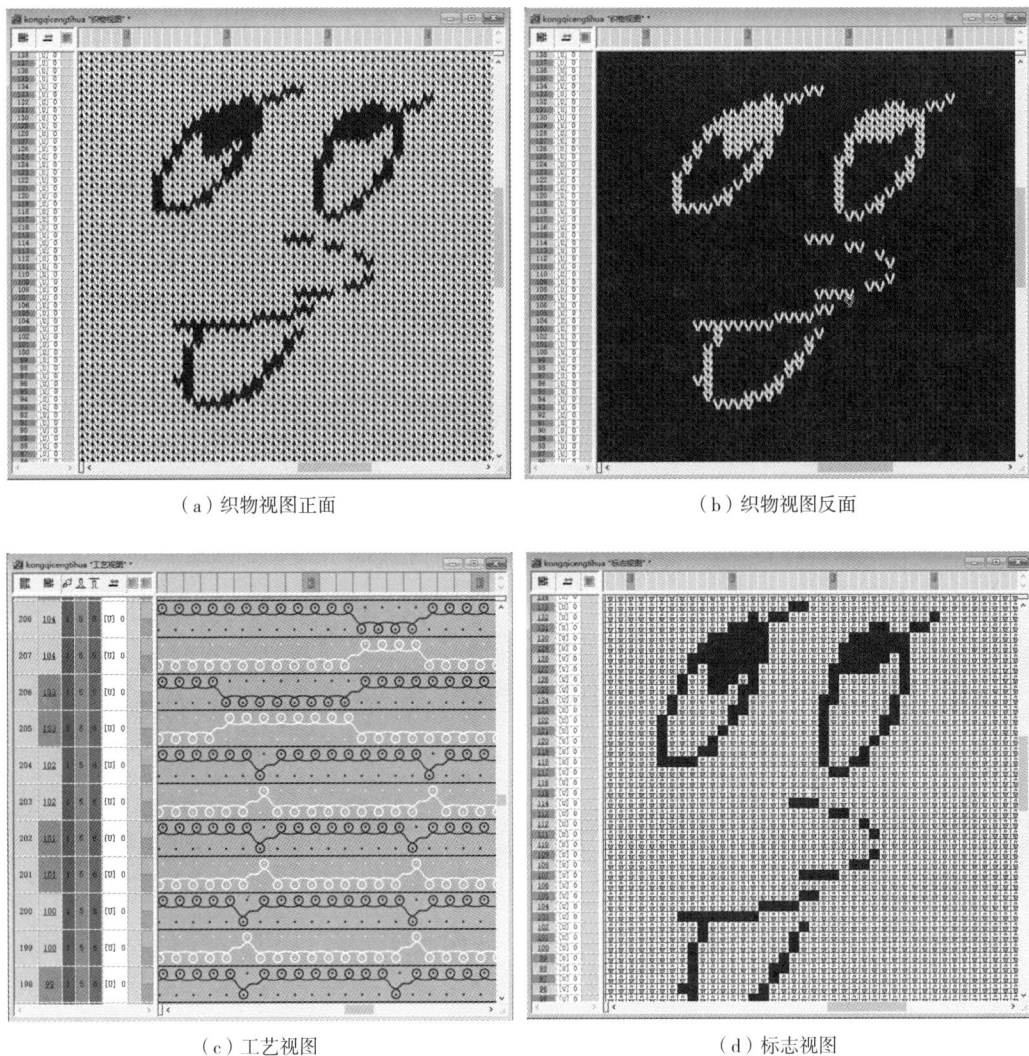

图4-18　双面空气层提花

4. 露底提花

露底提花又称为翻针提花，指的是在编织过程中根据花型图案部分前针床线圈翻针至后针床，部分区域呈单面编织，即在提花的正面花型部分显露了地组织的反面线圈的组织。露底提花组织既有单面编织又有双面编织，因此织物除了形成图案效果外，还可形成明显的凹凸立体效果。

露底提花属于双面组织，其程序编织要点如下：

（1）可采用"绘图工具"绘制提花图案，或者直接应用"模块"中的"PE-提花"图案，或者以图片导入的方式来设计新花型。如图4-19所示为设计的三色提花图案。

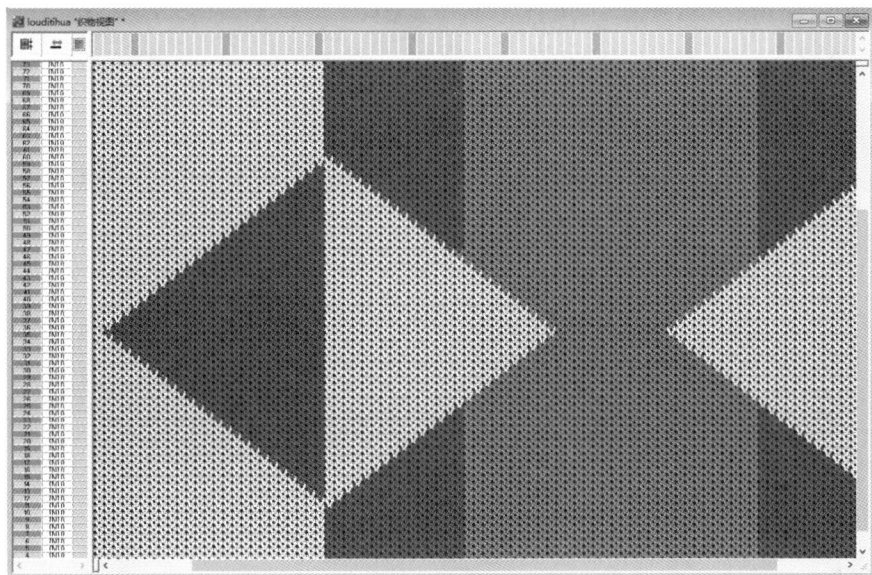

图4-19 露底提花图案

（2）选定提花区域，点击菜单栏"编辑"中的"生成或编辑提花"，出现提花编辑界面，提花处选择"新建"，"线圈长度"选项打钩应用提花模块线圈长度值；提花属性处选择"每行颜色数相同"；提花图默认为"前"，提花类型选择Stoll提花模块中的"芝麻点释放"（或者条纹释放、网络松开），点击应用，如图4-20所示，最后一种颜色处（白色）自动显示"R"，说明白色区域被释放为单面编织。释放的颜色区域可以根据需要进行修改，系统默认排在最后的一种颜色被释放。点击"确定"生成灰紫两色形成的露底提花。其织物视图正反面、工艺视图和标志视图如图4-21所示。

（3）在花型图案设计时，露底提花至少要有三种颜色，其中一种颜色被释放，其余两种颜色生成露底提花。

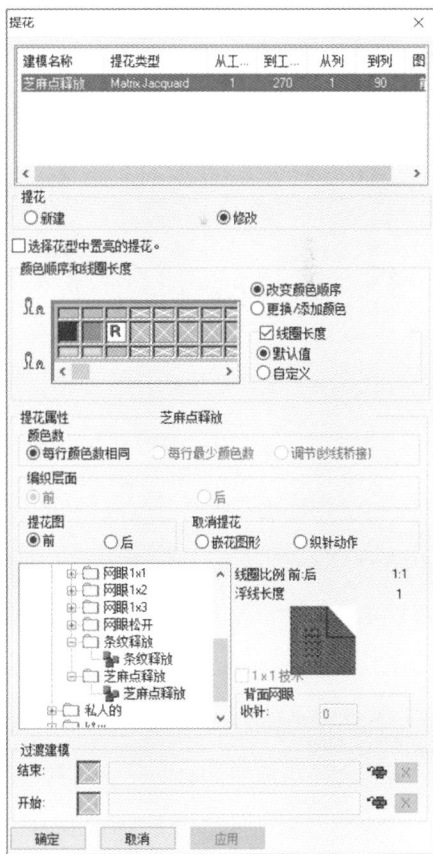

图4-20 露底提花编辑

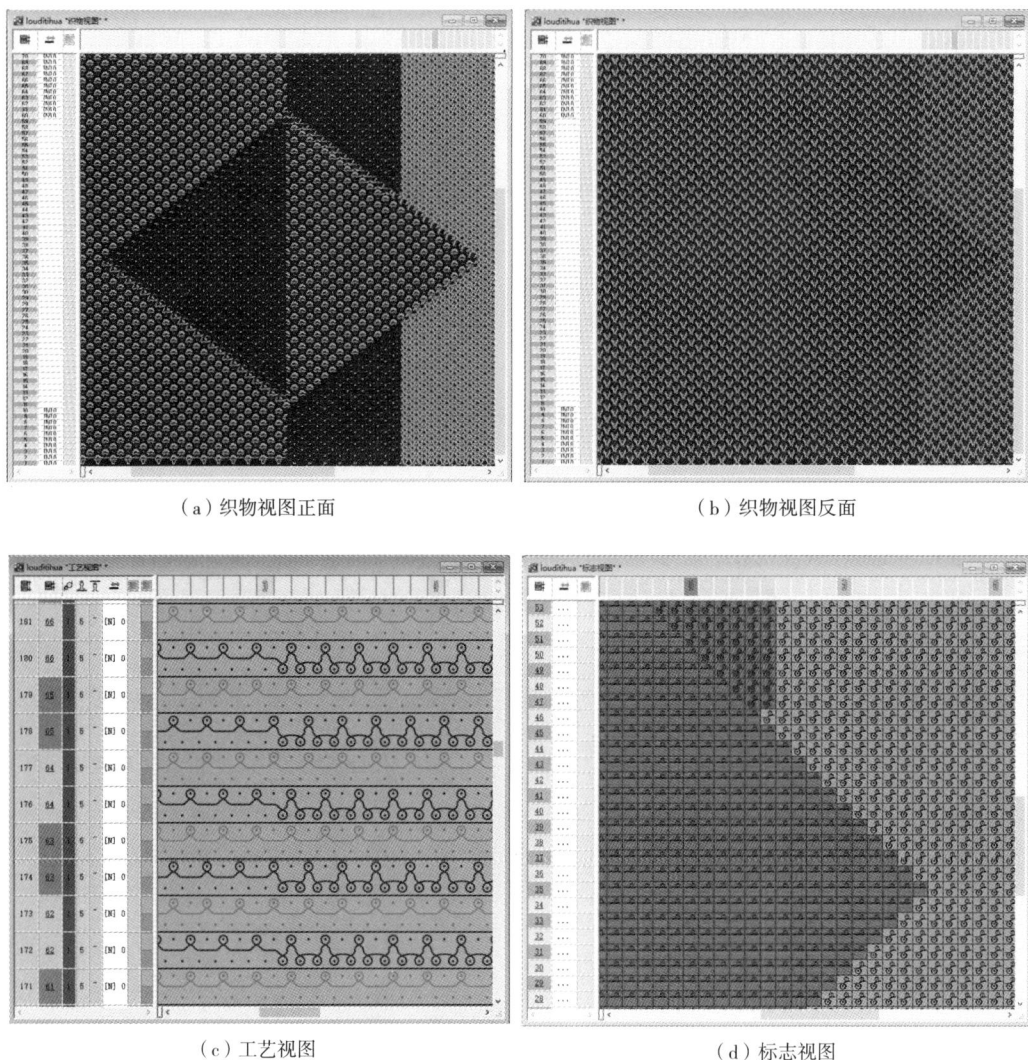

（a）织物视图正面

（b）织物视图反面

（c）工艺视图

（d）标志视图

图4-21　露底提花

（4）露底提花线圈长度应用Stoll提花模块中的NP值，但由于在同一工艺行中有单面编织部分，又有双面编织部分，在线圈长度处显示为变线圈长度［图4-21（c）］，因此在菜单栏花型参数"设置"中，选择"更多设定"，选择"每工艺行不同线圈长度"。

（5）在起头模块设置处选择"转换双面"。

5. 组合提花

组合提花指的是由两种不同类型的提花组合而成的组织，可在不同区域采用不同提花工艺编织，从而形成不同的花型效果。

（1）采用"绘图工具"绘制提花图案，如图4-22所示为两色组合提花图案。

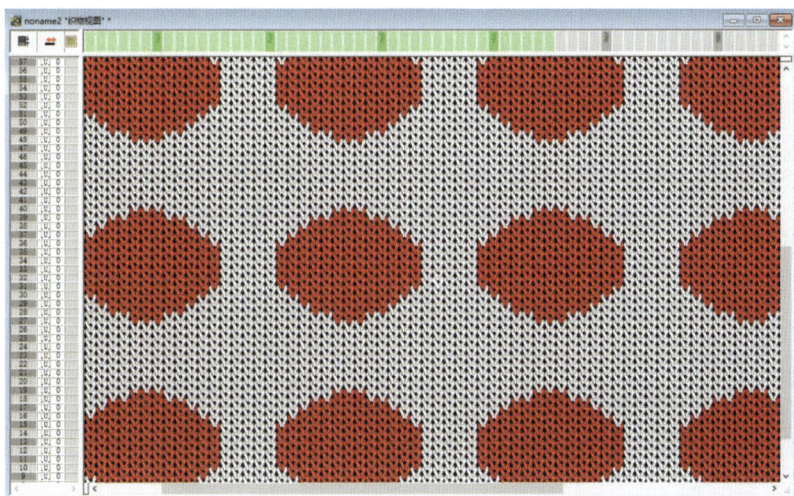

图4-22　组合提花图案

（2）因不同色块所要形成的提花组织不同，因此要分开颜色区域编辑提花。通过工具栏"查找和替换"中的"寻找并选定"选中红色颜色区域，点击菜单栏"编辑"中的"生成或编辑提花"，生成芝麻点提花；同样的方法再选中白色颜色区域，点击菜单栏"编辑"中的"生成或编辑提花"，生成空气层提花，此时生成的两个提花均只有一种颜色。再次进入"生成或编辑提花"界面，如图4-23所示，点击选中芝麻点提花进行修改，选择"更换/添加颜色"，在红色基础上增加白色，重新生成芝麻点提花；点击选中空气层提花进行修改，选择"更换/添加颜色"，在白色基础上增加红色，重新生成空气层提花；最终形成了芝麻点提花和空气层提花组合而成的提花组织。其织物视图正反面、工艺视图和标志视图如图4-24所示。

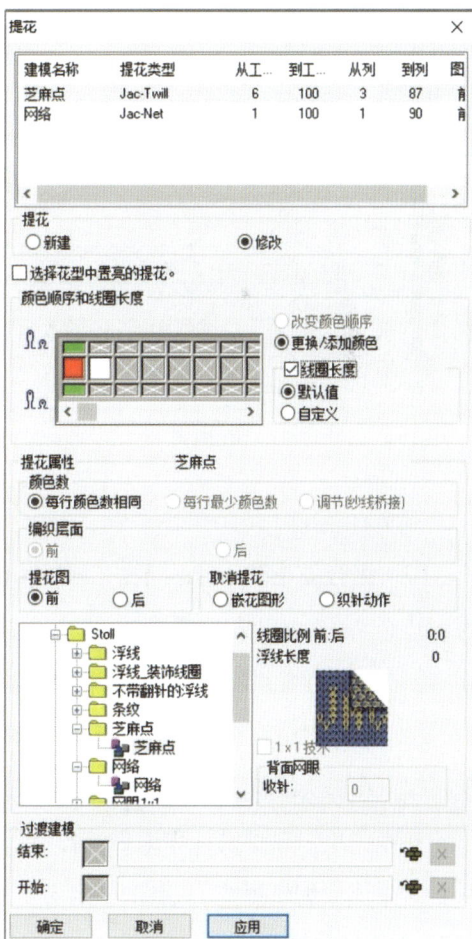

图4-23　组合提花编辑

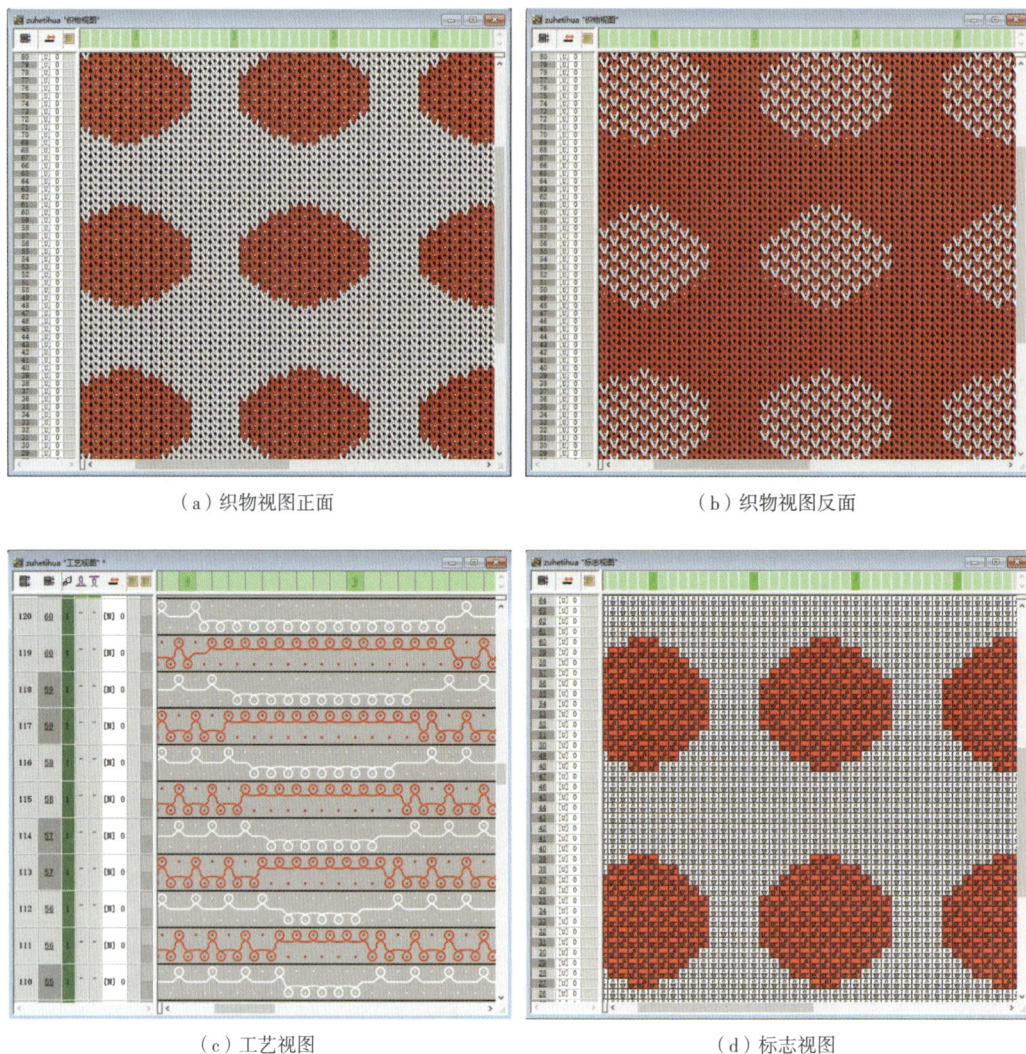

（a）织物视图正面　　　　　　　　　　　　（b）织物视图反面

（c）工艺视图　　　　　　　　　　　　　（d）标志视图

图4-24　组合提花

（3）组合提花设计时不同提花纱线编织顺序要保持一致，若有空气层提花要注意封边，且封边必须在生成提花前完成。

（4）组合提花线圈长度应用Stoll提花模块中的NP值，且采用多密度编织。

（5）针床对位调整为"N"位，为针床相错位置。

（6）在起头模块设置处选择"转换双面"。

在提花组织花型设计和编程过程中，若要修改或取消提花，可以选择工具栏"编辑"中的"生成或编辑提花"，点击选定已生成的提花组织，在"取消提花"处选择"嵌花图形"，确定退出即可。

第三节 集圈类组织的设计与编程

集圈组织是指在针织物的某些线圈上，除了套有一个封闭的旧线圈外，还套有一个或几个未封闭悬弧的组织，可形成花纹图案效果、孔眼效果和凹凸效果等。根据基础组织的不同，可分为单面集圈组织和双面集圈组织。

一、单面集圈组织的设计与编程

（一）组织结构

在单面纬平针组织的基础上进行集圈编织的组织称为单面集圈组织，通过合理配置成圈和集圈单元可形成斜纹效应、菱形结构花纹、网眼效应等。

（二）编程设计与花型绘制

根据单面集圈组织的编织原理，采用成圈线圈和集圈悬弧进行花型设计，其织物视图、工艺视图和标志视图如图4-25、图4-26所示。

单面集圈组织程序设计时注意要点如下：

（1）在新花型设计时将地组织设置为"前针床线圈翻针"。

（2）采用线圈和悬弧进行集圈组织花型设计。图4-25所示为采用两种不同颜色纱线编织，利用集圈线圈被正面成圈线圈遮盖的原理形成红白相间的直纵条纹图案效果；图4-26为采用单色编织，利用集圈结构单元和成圈结构单元的合理配置，形成了曲折状的结构条纹。

（3）当有两种颜色纱线参与编织时，要注意每种颜色纱线编织的横列数必须为偶数。

（4）在设计单面集圈组织新花型时，连续集圈的针数不宜太多，同一织针连续集圈的次数也不宜过多，否则容易漏针或线圈断裂。

（5）将正式编织部分的前针床线圈长度NP5设置为12.0，后针床线圈长度NP6设置为12.0，也可根据纱线粗细、牵拉力大小等进行适当调整。

（6）在起头模块设置处选择"转换松散的行"。

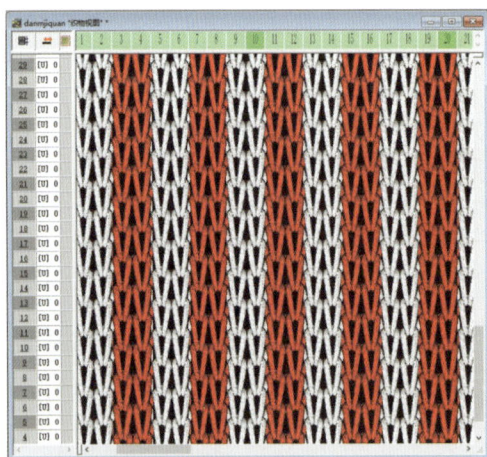

（a）织物视图

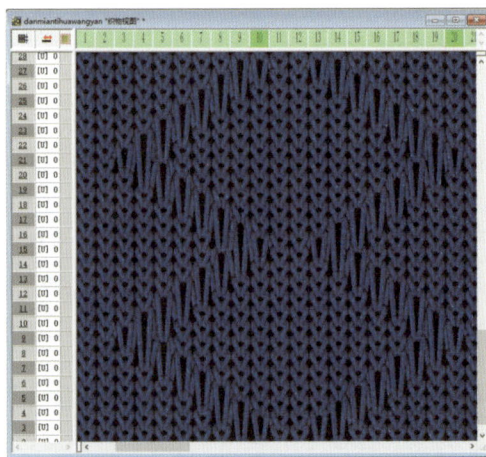

（a）织物视图

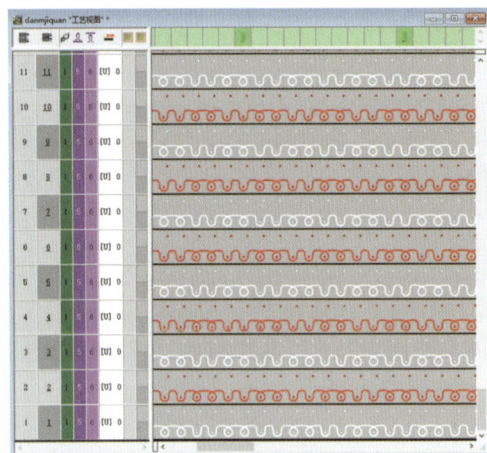

（b）工艺视图

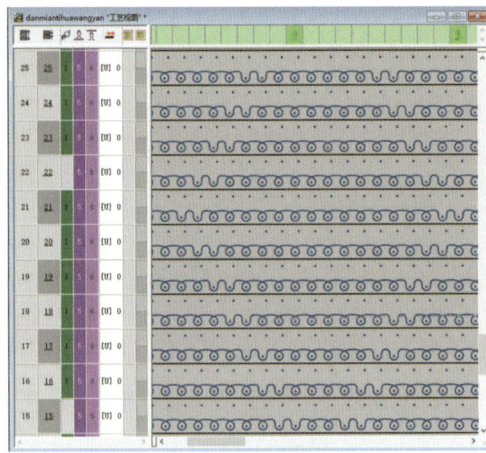

（b）工艺视图

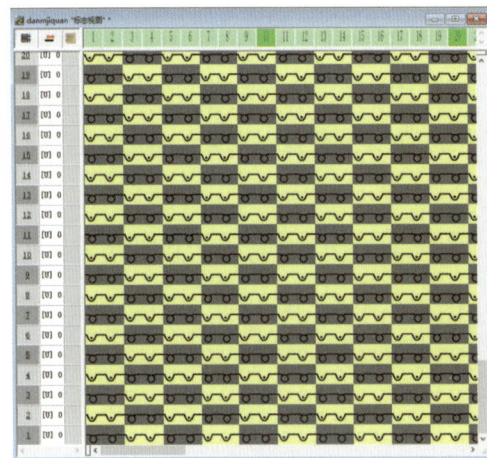

（c）标志视图

图4-25　单面集圈组织（条纹图案）

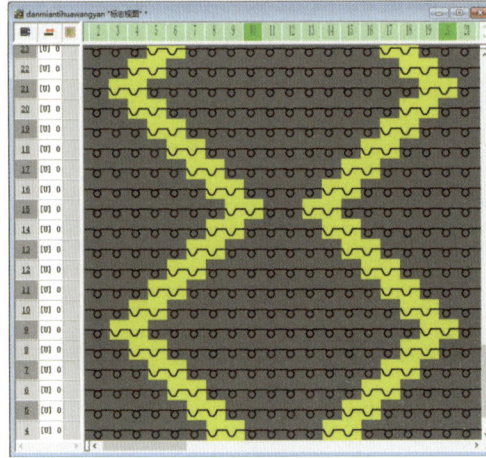

（c）标志视图

图4-26　单面集圈组织（曲折状条纹）

二、双面集圈组织的设计与编程

（一）组织结构

双面集圈组织是在双面组织的基础上进行集圈编织而形成的，可在一个针床上进行集圈编织，也可在两个针床上进行集圈编织，常见的双面集圈组织有半畦编组织和畦编组织。

（二）编程设计与花型绘制

根据双面集圈组织的编织原理，可在满针罗纹基础上进行花型设计，其织物视图、工艺视图和标志视图如图4-27、图4-28所示。

双面集圈组织程序设计时注意要点如下：

（1）在新花型设计时将地组织设置为"前针床线圈–后针床线圈"，即以满针罗纹组织为地组织，针床对位显示为"N"。

（2）采用线圈和悬弧进行集圈组织花型设计。如图4-27所示为成圈与多列集圈相结合，多列集圈处高度比正常罗纹成圈处要短得多，可形成曲折波纹边效果；图4-27为半畦编组织，集圈在一面形成，两个横列完成一个循环。织物结构不对称，两面外观效应不同，一面是单列集圈，另一面是平针线圈。

（3）设计双面集圈组织新花型时，连续集圈的次数也不宜过多，否则容易造成线圈断裂或漏针。

（4）正式编织部分前针床线圈长度NP5设置为10.0，NP6设置为10.0，也可根据纱线粗细、牵拉力大小等进行适当调整。

（5）在起头模块设置处选择"转换双面"。

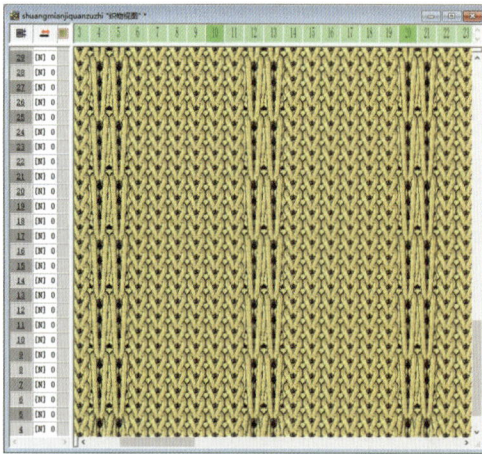

（a）织物视图

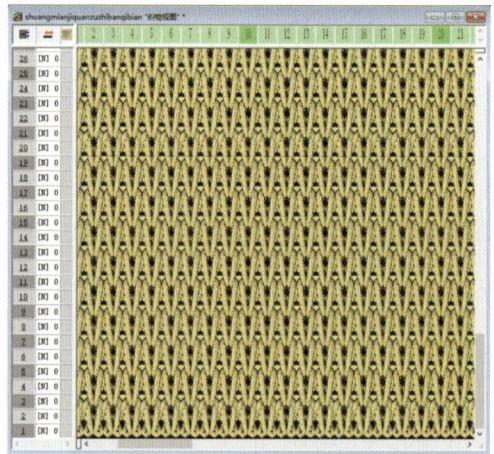

（a）织物视图

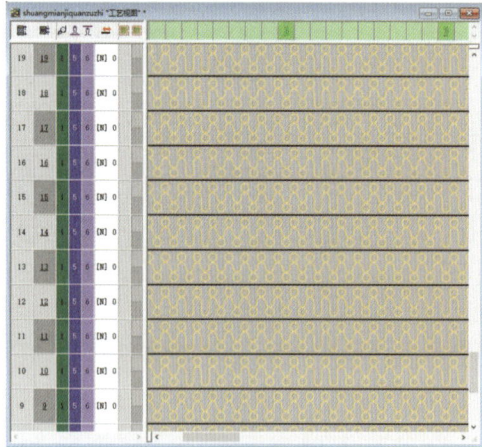

（b）工艺视图

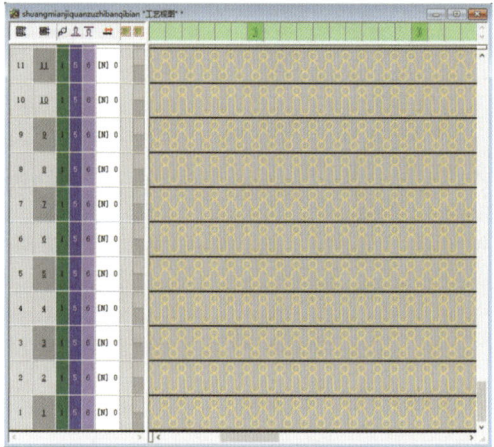

（b）工艺视图

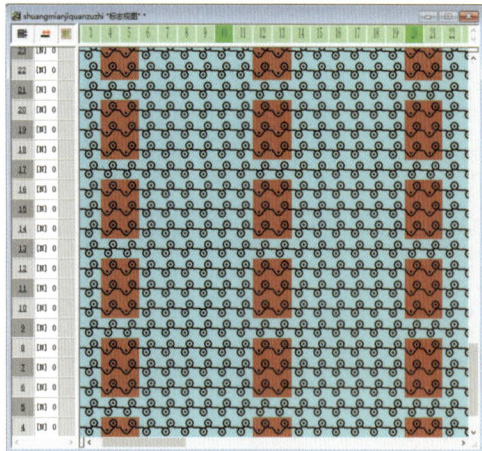

（c）标志视图

图4-27　双面集圈组织（波纹边）

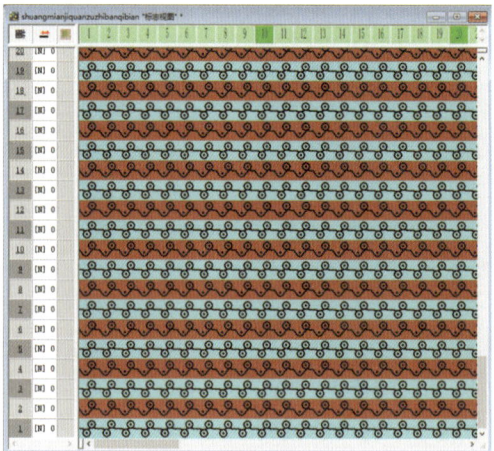

（c）标志视图

图4-28　双面集圈组织（半畦编）

第四节 凸点凸条类组织的设计与编程

一、凸点组织的设计与编程

（一）组织结构

凸点组织是指在基本组织的基础上，通过一定的工艺方法在织物表面形成明显的凸起效果的组织。一般常见的凸点组织的编织有两种工艺方法，一是变线圈长度法，二是局部编织法。

（二）编程设计与花型绘制

1. 变线圈长度法

根据变线圈长度法编织的工作原理，花型设计时采用"前针床翻针线圈"和"前针床线圈-后针床线圈"来绘制，其织物视图、工艺视图和标志视图如图4-29所示，编程设计要点如下：

（1）在新花型设计时将地组织设置为"前针床线圈翻针"，即以纬平针组织的正面作为地组织。

（2）在纬平针组织的基础上，在需要形成凸点的位置加入满针罗纹编织，编织完成后加入"后针床脱圈"动作，满针罗纹编织的针数和列数决定凸点的宽度和高度。

（3）在部分采用单双面组织结合编织的工艺行处采用变密度编织，在全部纬平针编织的区域采用单面线圈长度。

（4）将满针罗纹编织的工艺行针床对位调整为"N"位，其余单面组织编织的工艺行可不做调整。

（5）将起头模块设置处选择"转换松散的行"，起头罗纹可随意选择。

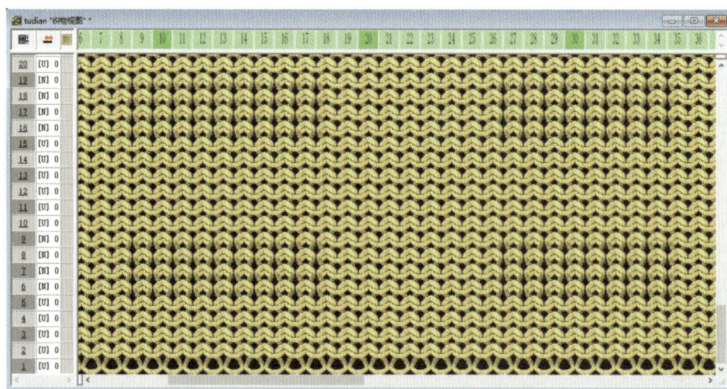

（a）织物视图（反面）

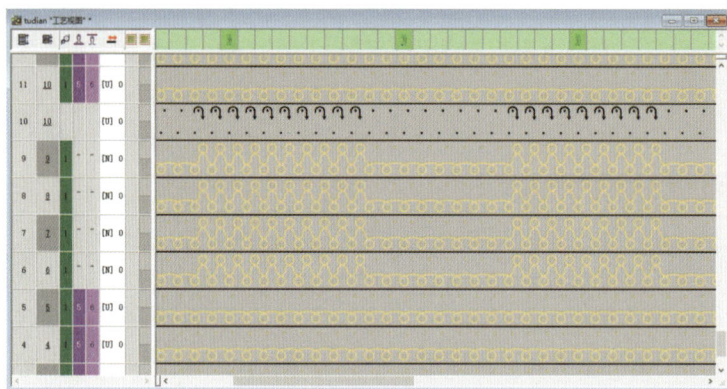

（b）工艺视图

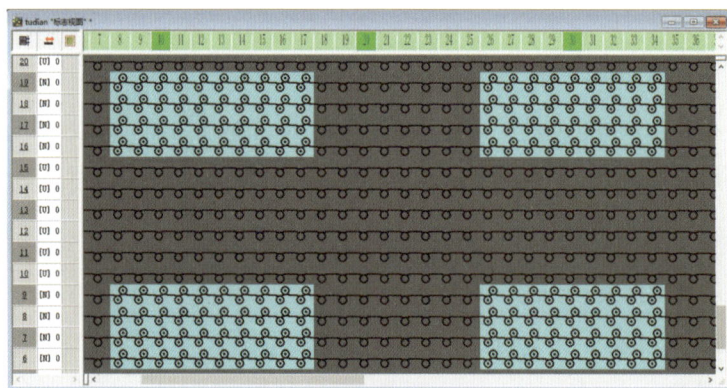

（c）标志视图

图4-29 凸点组织（变线圈长度）

2. 局部编织法

电脑横机由于其特殊的选针机构，可实现局部编织，如图4-30所示为局部编织法凸点组织的织物视图、工艺视图和标志视图，其编程设计要点如下：

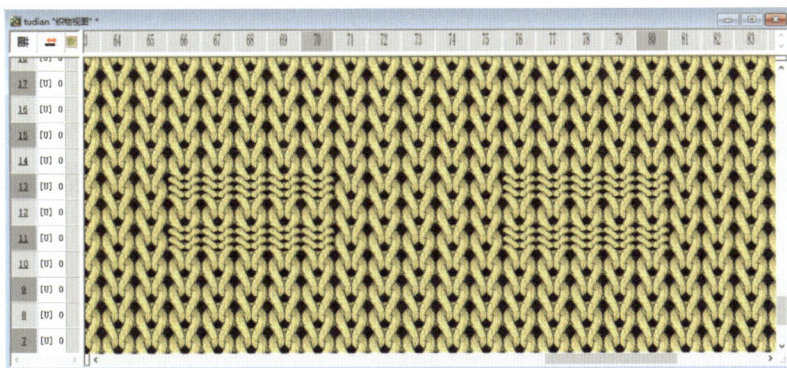

（a）织物视图

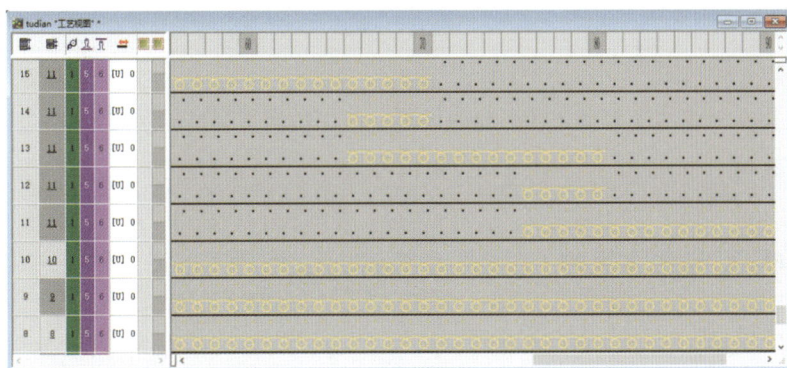

（b）工艺视图

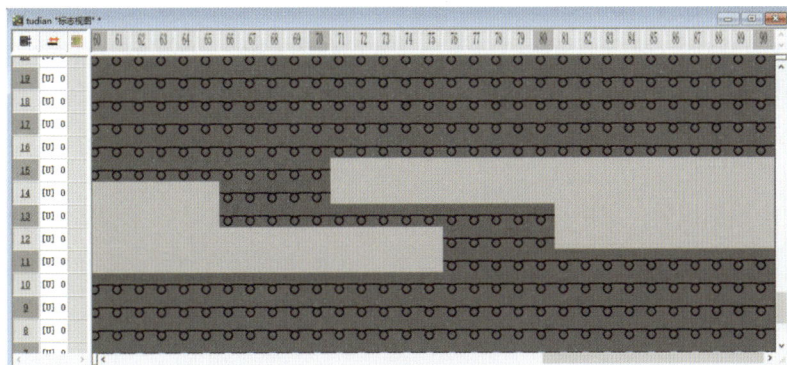

（c）标志视图

图4-30 凸点组织（局部编织）

（1）在新花型设计时将地组织设置为"前针床线圈翻针"，即以纬平针组织的正面作为地组织。

（2）在纬平针组织的基础上，在需要形成凸点的位置处加入空行，按照图4-30（b）绘制工艺图。

（3）局部编织的针数决定凸点的宽度；局部编织的行数决定凸点的高度，局部编织行数越多，凸起就越明显。绘制局部编织工艺图时，要保证第一行和最后一行的编织方向一致，因此局部编织行数一般为奇数行。不同工艺行绘制局部编织工艺时，一定要注意机头编织方向。

（4）正式编织部分线圈长度视地组织而定，如图4-30所示，将前针床线圈长度NP5设置为12.0～12.5，后针床线圈长度NP5设置为12.0～12.5。

（5）在起头模块设置处选择"转换松散的行"，起头罗纹可根据需要随意选择。

二、凸条组织的设计与编程

（一）组织结构

凸条是指在针织物表面呈条状凸起的效果，使织物具有明显的立体效应，可形成闭口凸条和开口凸条等。

（二）编程设计与花型绘制

1. 闭口横凸条

根据凸条组织形成原理，在花型设计时采用单面组织编织和双面罗纹编织相结合，其织物视图反面，工艺视图和标志视图如图4-31、图4-32所示，编程设计要点如下：

（1）在新花型设计时将地组织设置为"前针床线圈翻针"，即以纬平针组织的正面作为地组织。

（2）花型设计时，采用"前针床线圈-后针床线圈"和"不带翻针的前针床线圈"来绘制，在罗纹组织编织后，采用多行单面纬平针组织编织，使前后针床编织的行数不一致而形成凸起效果；单面纬平针组织编织行数越多，凸起越明显，但不能太多，一般最多不超过9行，否则会因挂针太长、牵拉不足而出现纱线断裂、漏针等情况。

（3）若凸条处为单色单面纬平针编织，则形成单色闭口横凸条，如图4-31所示；若凸条处为两色或多色提花编织，则形成提花闭口横凸条，如图4-32所示。

（4）正式编织部分线圈长度根据各自地组织而定。双面罗纹组织编织行采用双面线圈长度，NP5=NP6=10.0；单面编织处采用单面线圈长度，NP7=NP8=12.0～12.5，也可根据纱线粗细、牵拉力大小等进行适当调整。

（5）在程序设计时要根据不同组织选择不同的针床对位情况。

（6）在起头模块设置处选择"转换松散的行"，起头罗纹可根据需要随意选择。

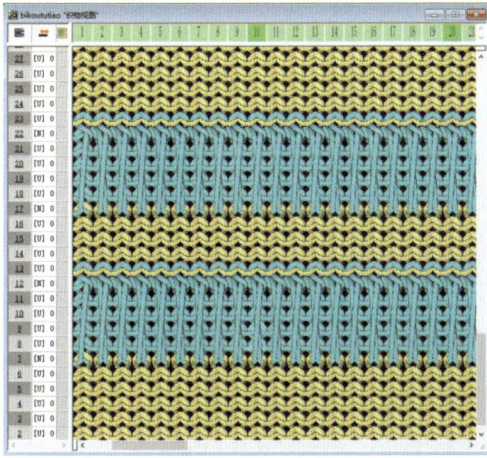

（a）织物视图（反面）

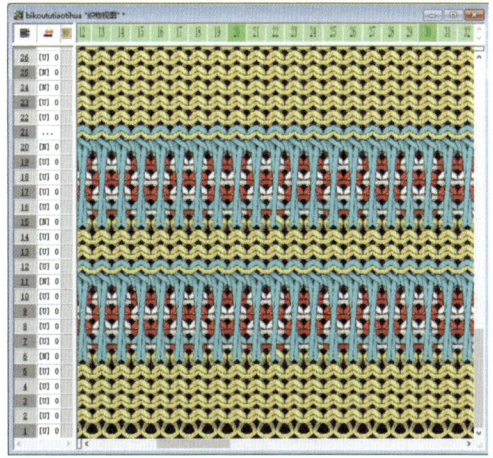

（a）织物视图（反面）

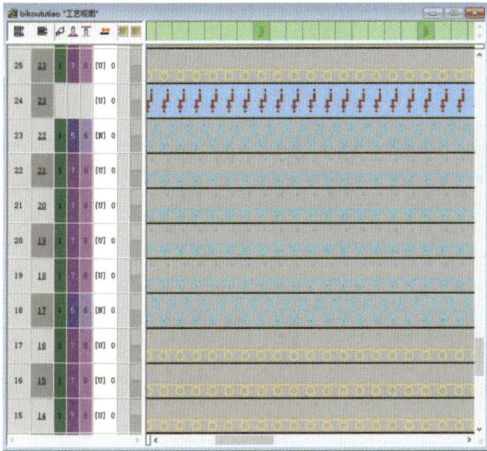

（b）工艺视图

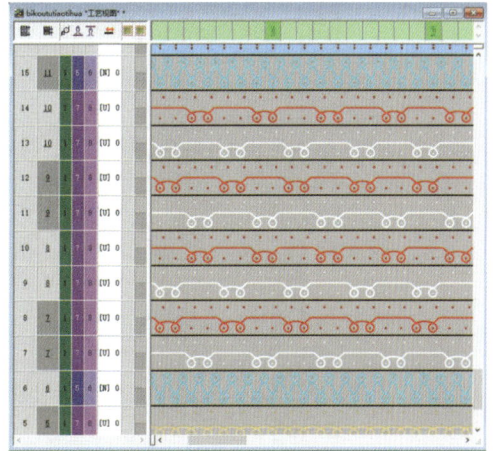

（b）工艺视图

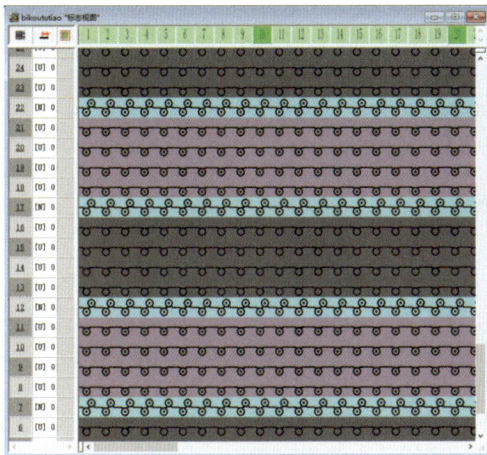

（c）标志视图

图4-31 单色闭口横凸条

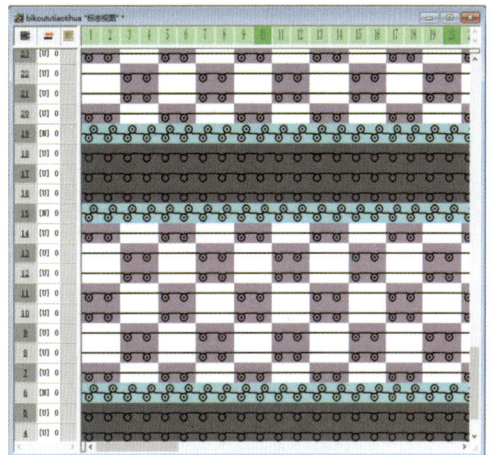

（c）标志视图

图4-32 提花闭口横凸条

2. 闭口曲折凸条

根据凸条形成原理，有规律地分布罗纹线圈和纬平针线圈，可形成闭口曲折凸条，其织物视图、工艺视图和标志视图如图4-33所示，编程设计要点如下：

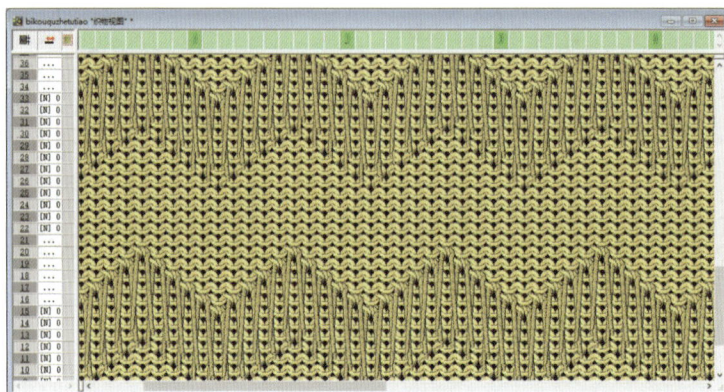

（a）织物视图（反面）

（b）工艺视图

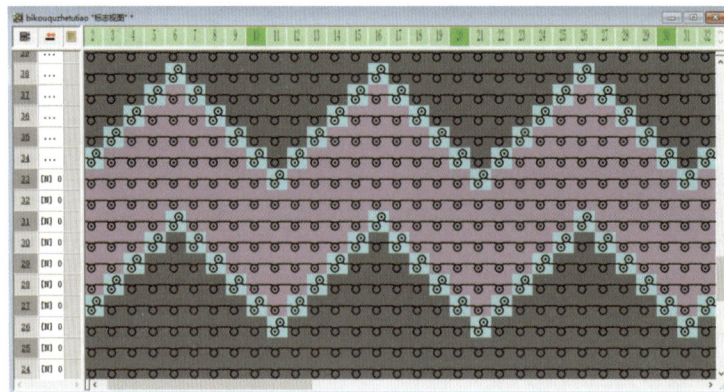

（c）标志视图

图4-33　闭口曲折凸条

（1）在新花型设计时将地组织设置为"前针床线圈翻针"，即以纬平针组织的正面作为地组织；将针床对位调整为"N"位，即针床织针相错排列。

（2）闭口曲折凸条只能形成单色凸条。

（3）花型设计时，采用"前针床线圈-后针床线圈"和"不带翻针的前针床线圈"来绘制，利用"绘图工具"中的"直线"在标志视图中绘制曲折形状的罗纹和纬平针（不带翻针动作），纬平针（不带翻针动作）编织行数要求和闭口横凸条相同。

（4）曲折凸条编织部分线圈长度采用变线圈长度编织，即在"花型参数"—"设置"—"更多设定"中的"每工艺行不同线圈长度"打钩。

（5）在起头模块设置处选择"转换松散的行"，起头罗纹可根据需要选择。

3. 开口凸条

按照编织工艺的不同，开口凸条可以分为开口直凸条和开口曲折凸条，其织物视图、工艺视图和标志视图如图4-34、图4-35所示，编程设计要点如下：

（1）开口凸条一般在单面组织基础上形成，在新花型设计时将地组织设置为"前针床线圈翻针"，即以纬平针组织的正面作为地组织。

（2）开口凸条编织工艺行颜色可以和地组织一致，也可以用另外颜色的色纱，如图4-34和图4-35所示均采用了和基本组织不一样的颜色。

（3）在设计开口凸条时，首先要把前针床编织的线圈翻针到后针床，然后在前针床空针起针进行纬平针组织（不带翻针动作的前针床线圈）的编织即开口凸条部分的编织。为了编织的安全性，空针起针起始部分要采用一隔一成圈编织，且密度要稍微变大；开口直凸条是在前针床编织一定横列数后，一次性把后针床线圈翻回到前针床，而开口曲折凸条是在前针床编织一定横列数后，按一定顺序分多次把后针床线圈翻回到前针床。

（4）地组织编织部分工艺行线圈长度按地组织类型确定，开口凸条编织部分工艺行线圈长度一般比地组织要小。

（5）在起头模块设置处选择"转换松散的行"，起头罗纹可根据需要选择。

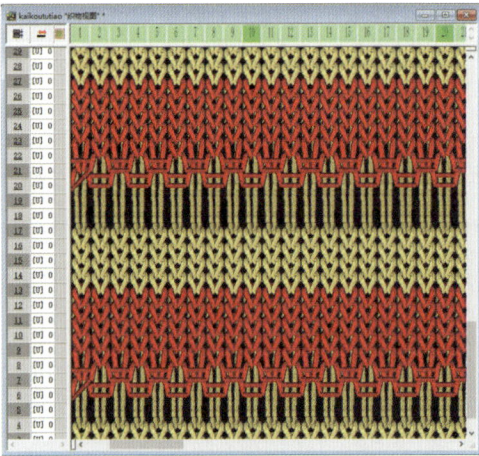

（a）织物视图

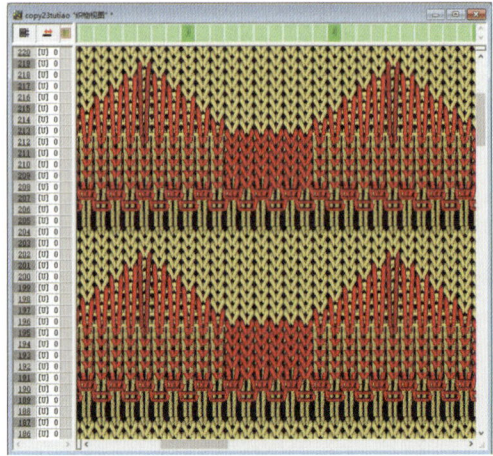

（a）织物视图

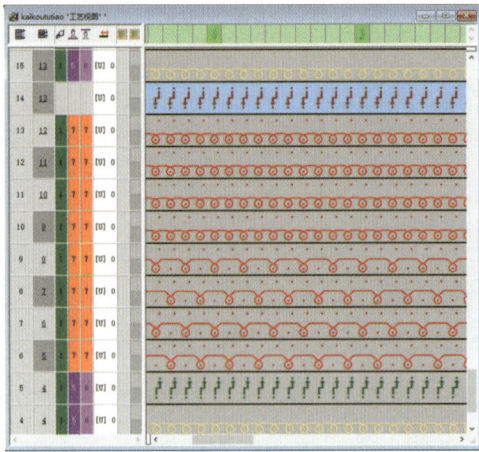

（b）工艺视图

（b）工艺视图

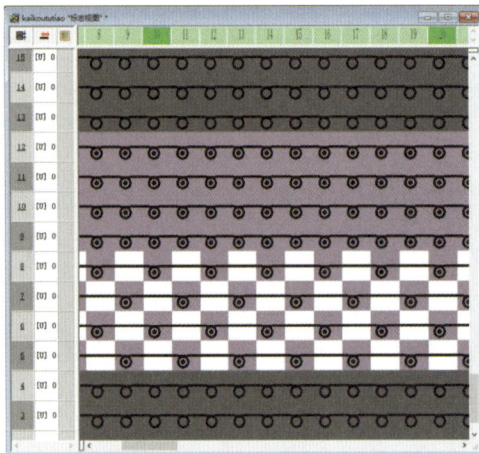

（c）标志视图

图4-34 开口直凸条

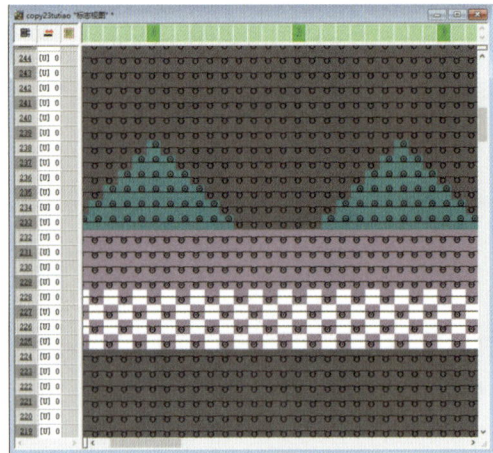

（c）标志视图

图4-35 开口曲折凸条

第五节 其他组织的设计与编程

一、嵌花组织的设计与编程

（一）组织结构

嵌花组织又称为无虚线提花组织，是指用不同颜色或不同种类的纱线编织而成的纯色区域的色块，相互连接镶拼成花色图案组成的织物，花纹图案清晰，色彩纯净，反面没有色纱重叠。嵌花组织的每种色纱的导纱器只在自己的颜色区域内垫纱，区域内垫纱之后，该导纱器停下，直到下一横列机头返回时再带动编织，而在同一横列的边缘，另一个导纱器将继续编织这一横列。在编织过程中，嵌花的实现是使相邻的两个不同颜色的纱线通过集圈的方式进行连接。

电脑横机编织嵌花时，使用能够左右摇摆的嵌花导纱器。一般来说，同一横列从左到右有几个颜色区域，就需要有几个导纱器。嵌花织物的设计要充分考虑到设备的配置，考虑嵌花颜色区域的数量、色纱的数目与导纱器数量对应。特别要注意的是，在设置导纱器时，相邻两个颜色区域的导纱器最好不要设置在同一导轨上，以免发生碰撞。

嵌花还可以和提花相结合，形成嵌花提花组织，使嵌花图案更丰富。

（二）编程设计与花型绘制

1. 嵌花组织

根据嵌花组织的编织工艺进行花型图案和程序的设计，其织物视图正反面、工艺视图和标志视图如图4-36所示，编程设计要点如下：

（1）在新花型设计时将地组织设置为"前针床线圈翻针"。

（2）在绘制花型图案时要考虑到编织所用导纱器的数量。

（3）不同颜色纱线编织的行数必须为偶数，否则会出现长浮线。

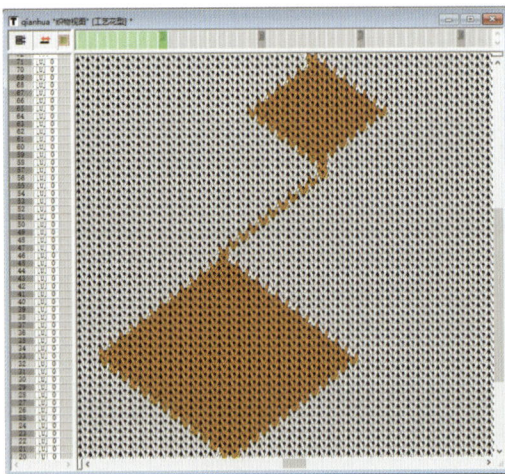

(a) 织物视图（正面）

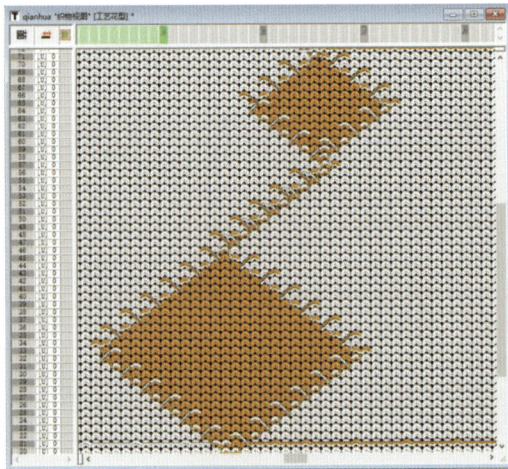

(b) 织物视图（反面）

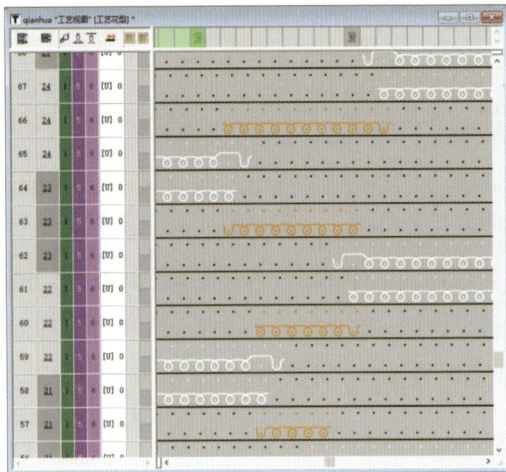

(c) 工艺视图

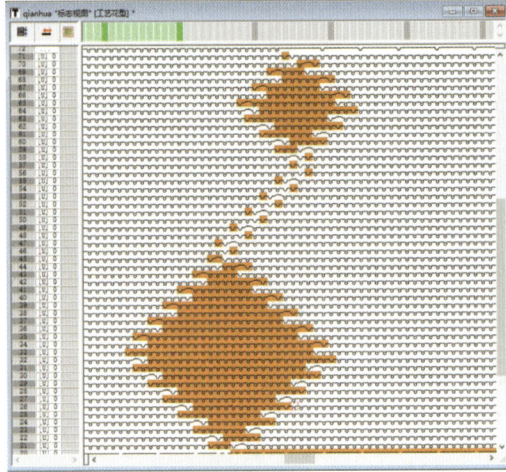

(d) 标志视图

图4-36　嵌花组织

（4）嵌花组织的线圈长度采用单面线圈长度，NP5=12.0～12.5，NP6=12.0～12.5。

（5）导纱器设置要注意纱线的带入带出和切夹纱方式，导纱器默认为嵌花导纱器。

（6）在起头模块设置处选择"转换松散的行"，起头罗纹可根据需要选择。

2. 嵌花提花

根据嵌花提花组织的编织工艺特点进行花型图案和程序的设计，编程设计要点如下：

（1）在新花型设计时将地组织设置为"前针床线圈翻针"，即以纬平针组织的正面作为地组织。

（2）在地组织基础上绘制花型图案，花型图案的颜色、形状等可以较为自由地选择。

（3）选定嵌花提花区域，点击菜单栏"编辑"中的"生成或编辑提花"，出现提花编辑界面，如图4-37所示。提花处选择"新建"，"线圈长度"选项打钩应用提花模块线圈长度值；提花属性处选择"调节（纱线桥接）"；提花图默认为"前"，提花类型选择Stoll提花模块中的"网眼1×1"，点击应用，生成嵌花提花。嵌花提花织物视图正反面、工艺视图、标志视图如图4-38所示。

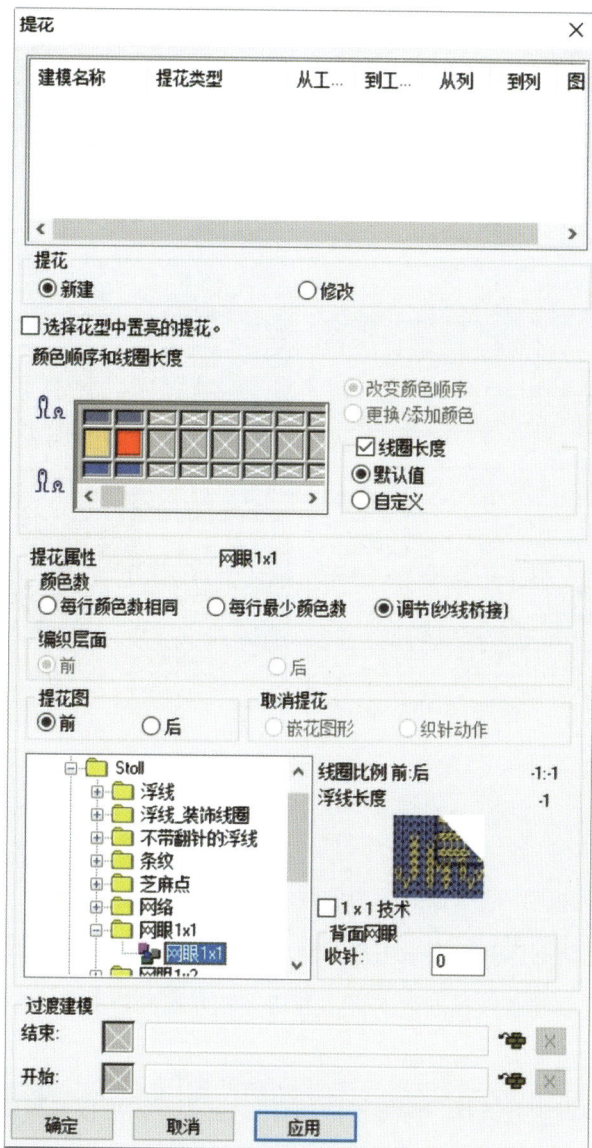

图4-37 嵌花提花编辑

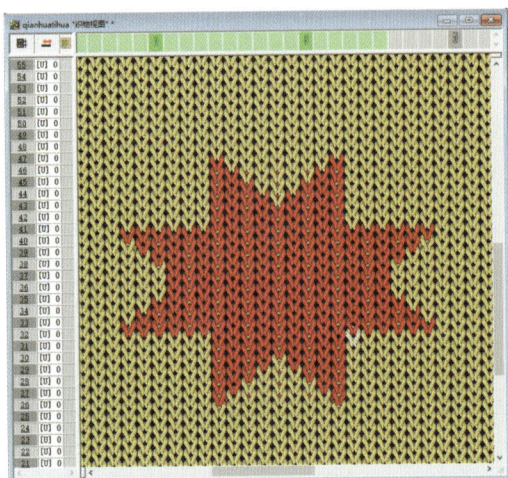

（a）织物视图（正面）

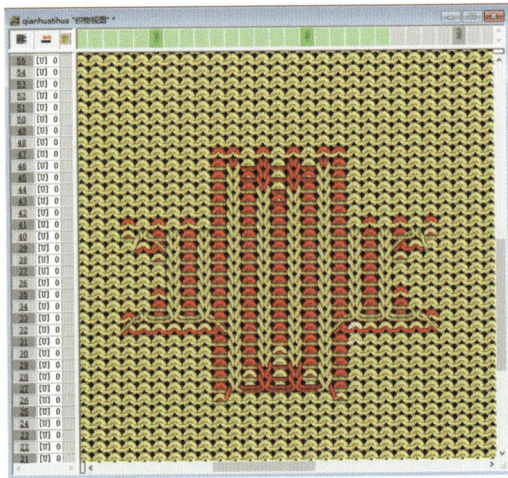

（b）织物视图（反面）

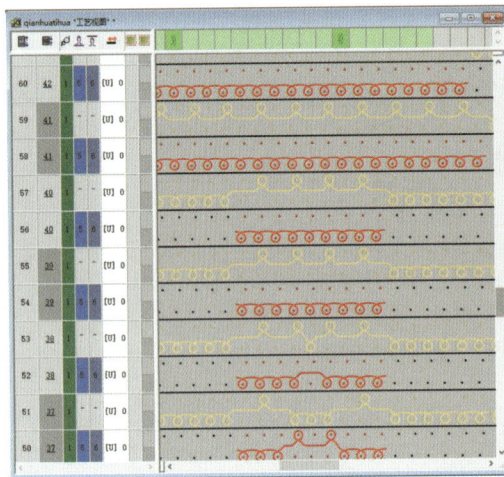

（c）工艺视图

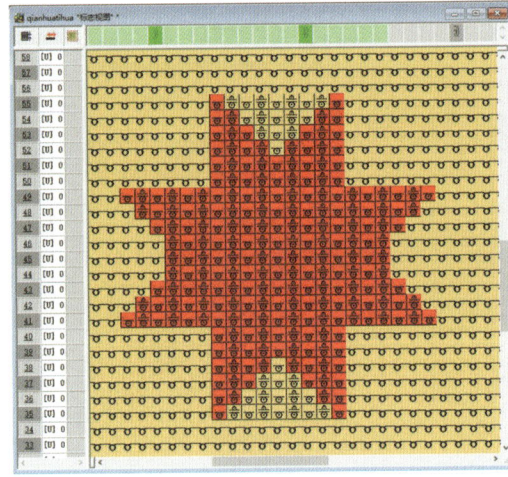

（d）标志视图

图4-38　嵌花提花组织

（4）不同颜色纱线编织的行数必须为偶数，否则会出现长浮线。

（5）嵌花提花组织的线圈长度采用提花模块默认线圈长度。

（6）导纱器设置要注意纱线的带入带出和切夹纱方式，若用普通导纱器编织嵌花组织，则需要将导纱器类型设置为"Normal"。

（7）在起头模块设置处选择"转换松散的行"，起头罗纹可根据需要选择。

二、波纹组织的设计与编程

（一）组织结构

波纹组织又称扳花组织，是由倾斜线圈组成的波纹状花纹的双面组织，倾斜线圈是在横机上按照波纹花型的要求移动针床形成的，可形成曲折、条纹等花纹效应。移动针床也称扳针，半转移动一个针距，称为半转一扳，一转移动一个针距称为一转一扳，扳针方式不同，形成的波纹外观也不相同，常见的波纹组织有罗纹波纹组织（抽针罗纹波纹组织）和集圈波纹组织。

（二）编程设计与花型绘制

1. 抽针罗纹波纹组织

根据抽针罗纹波纹组织的编织工艺进行花型设计，其织物视图、工艺视图和标志视图如图4-39、图4-40所示，编程设计要点如下：

（1）在新花型设计时将地组织设置为"前针床线圈-后针床线圈"，即以满针罗纹为地组织。

（2）按花型要求设计抽针罗纹波纹组织。

（3）进行扳针设计，即按一定规律移动针床。图4-39为半转一扳抽针罗纹波纹组织，即每编织一行移动针床一次；图4-40为一转一扳抽针罗纹波纹组织，即每编织一转移动针床一次。相比较而言，半转一扳抽针波纹组织曲折效果更为明显。

（4）因在编织过程中需要不断移动针床，因此抽针罗纹波纹组织的线圈长度要比双面组织大，可将NP5设置为11.0，NP6设置为12.5，也可根据纱线粗细、牵拉力大小等进行适当调整。

（5）在起头模块设置处选择"转换松散的行"，起头罗纹可根据需要选择；加上起头罗纹后若有挂针现象，则需将组织中的部分不带翻针动作的后针床线圈改为带有翻针动作的后针床线圈。

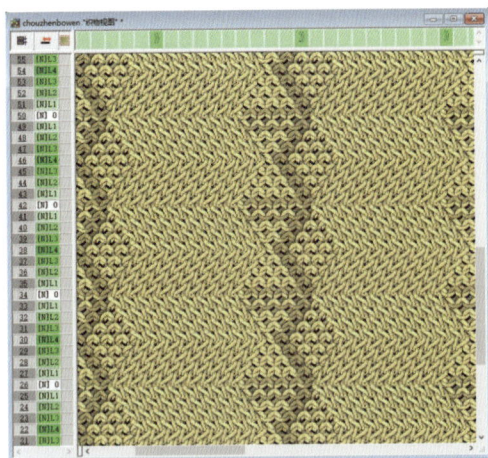

（a）织物视图

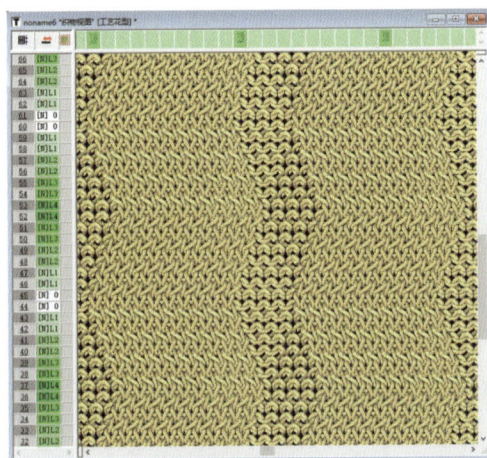

（a）织物视图

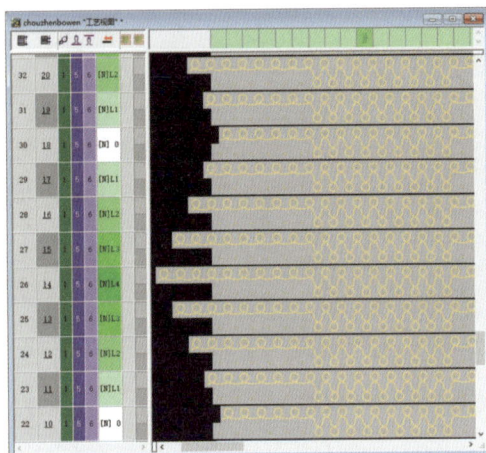

（b）工艺视图

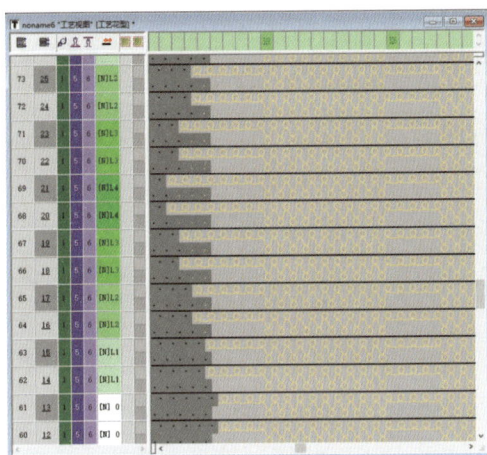

（b）工艺视图

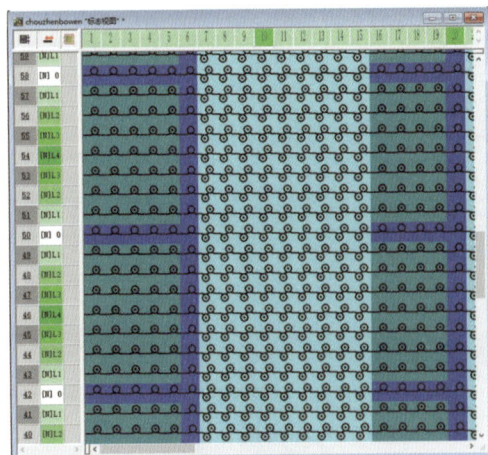

（c）标志视图

图4-39　抽针罗纹波纹组织（半转一扳）

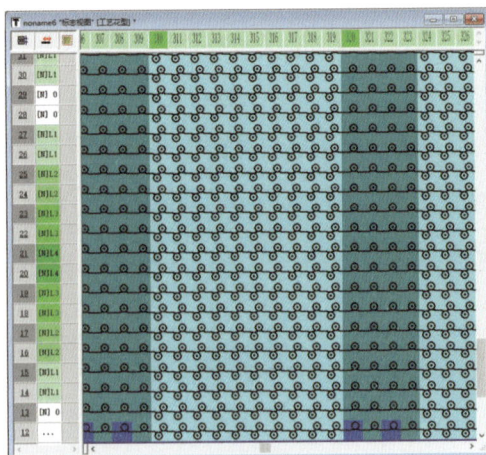

（c）标志视图

图4-40　抽针罗纹波纹组织（一转一扳）

2. 集圈波纹组织

根据集圈波纹组织的编织工艺进行花型设计，其织物视图、工艺视图和标志视图如图4-41所示，编程设计要点如下：

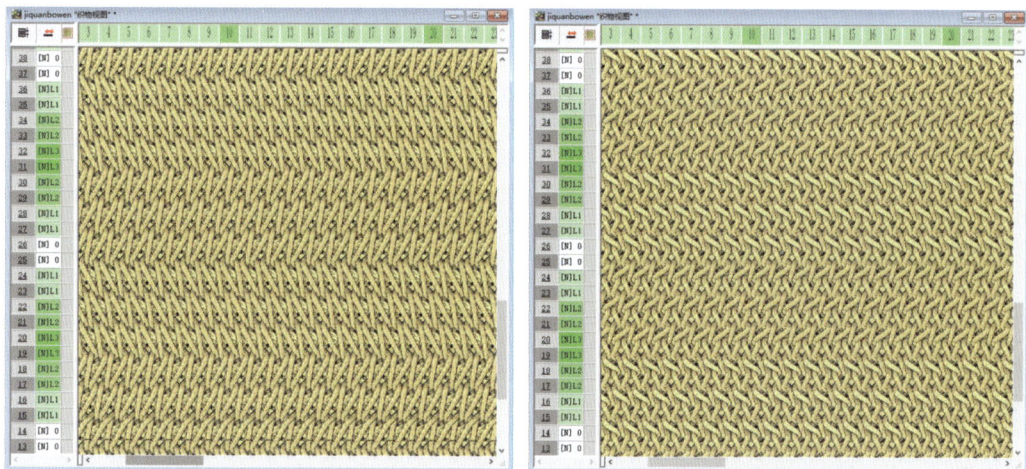

（a）织物视图（正面）

（b）织物视图（反面）

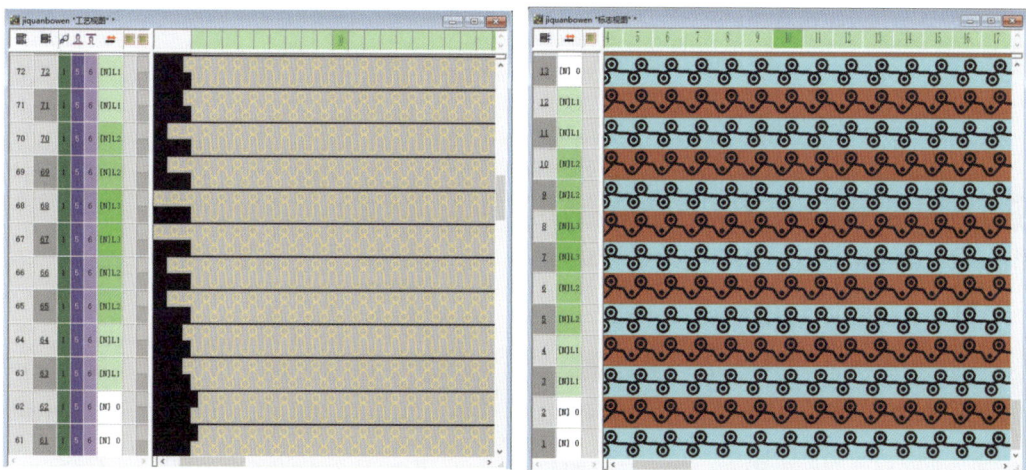

（c）工艺视图

（d）标志视图

图4-41 集圈波纹组织

（1）在新花型设计时将地组织设置为"前针床线圈–后针床线圈"，即以满针罗纹为地组织。

（2）设计基本组织，图4-41中的基本组织为半畦编组织。

（3）进行扳针设计，如图4-41所示花型采用的是一转一扳，且扳针在罗纹编织后进行；扳针方式为先向左连续扳针三次，然后反方向连续扳针三次，以此类推，在织物两面均可形成波纹外观。通过改变扳针方式，可得到不同波纹效果。

（4）设置集圈波纹组织线圈长度为NP5=11.0，NP6=11.0，也可根据纱线粗细等进行适当调整。

（5）在起头模块设置处选择"转换双面"，起头罗纹可根据需要选择。

三、空气层组织的设计与编程

（一）组织结构

在针织物组织中，最常见的空气层组织为罗纹半空气层组织和罗纹空气层组织。罗纹半空气层组织是由一个横列满针罗纹和一个横列平针组织复合编织而成，织物两面具有不同外观，尺寸稳定性较好，手感柔软，坯布较厚实。罗纹空气层组织是由一个横列满针罗纹组织和两个横列（由前后针床分别编织）的平针组织复合而成，织物两面具有同样的外观效果，结构紧密，横向延伸性小，尺寸稳定性好，挺括，保暖性好，且有横条效应，是针织毛衫外衣化、时装化较为理想的织物。当然，也可以在空气层组织的基础上，规律地分布罗纹线圈，形成结构不一的变化罗纹空气层组织。

（二）编程设计与花型绘制

根据空气层组织的编织工艺特点进行花型设计，其织物视图、工艺视图和标志视图如图4-42、图4-43所示，编程设计要点如下：

（1）新花型设计时把针床对位调整至"N"位，即针床相错位置。

（2）采用模块"拷针元素"中的 [图标] "前针床线圈-后针床线圈"和 [图标] "前针床线圈（不带翻针）"、[图标] "后针床线圈（不带翻针）"绘制新花型。图4-42为罗纹空气层组织，采用一个横列的罗纹组织和一转空转编织组合而成，形成结构上的横条效果；图4-43为变化罗纹空气层组织，在空气层组织的基础上，斜线状分布罗纹线圈，空气层编织部分前后针床线圈相互分离，罗纹编织部分前后线圈连接在一起，形成斜线状的结构线。

（3）设置线圈长度，罗纹空气层组织罗纹行前针床线圈长度NP5为10.0，后针床线圈长度NP6为10.0，空转行前针床线圈长度NP7为12.5，后针床线圈长度NP8为12.5；变化空气层组织按花纹要求采用变线圈长度编织。

（4）在起头模块设置处选择"转换双面"，起头罗纹可根据需要选择。

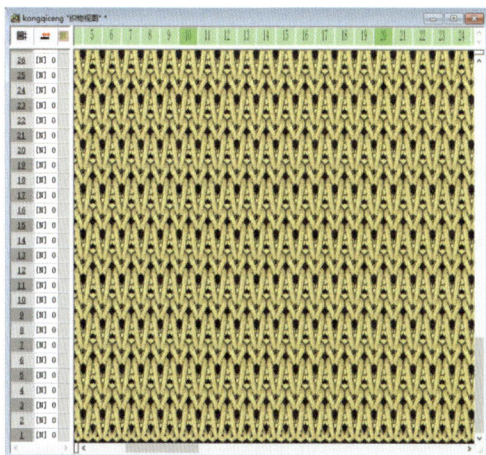

（a）织物视图

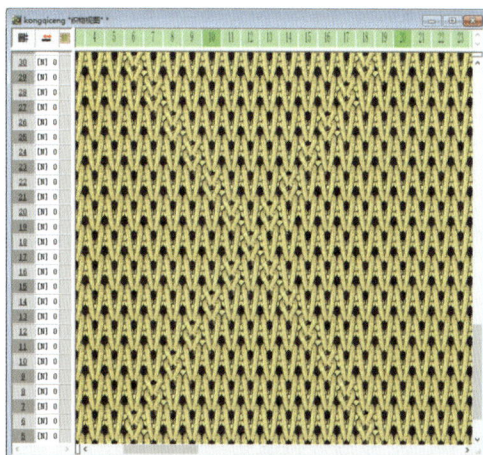

（a）织物视图

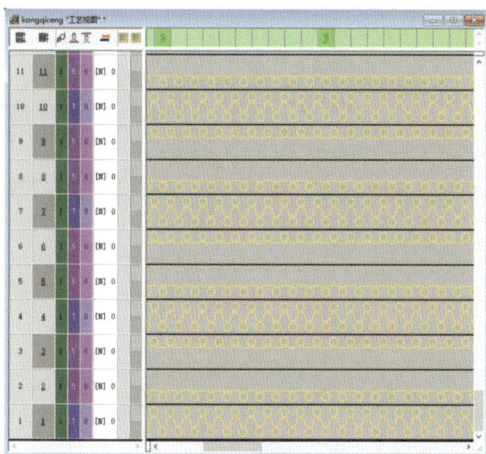

（b）工艺视图

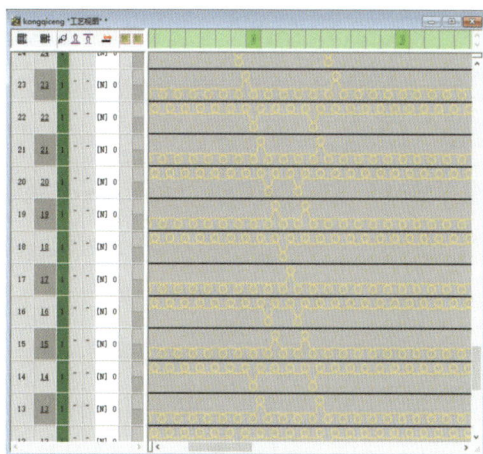

（b）工艺视图

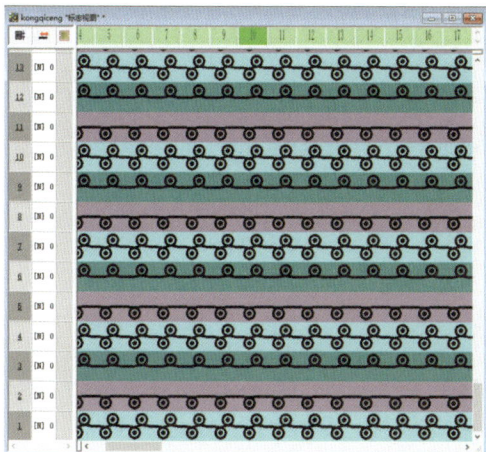

（c）标志视图

图4-42 罗纹空气层

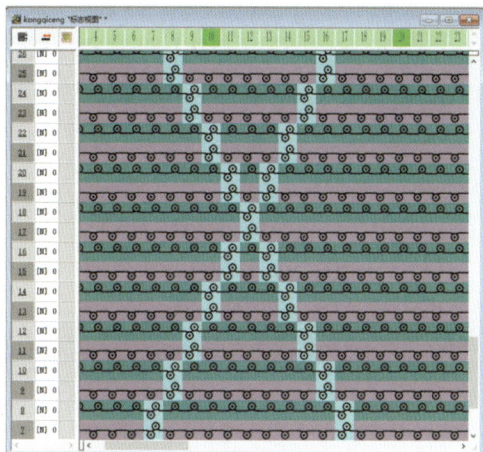

（c）标志视图

图4-43 变化罗纹空气层

四、横条组织的设计与编程

（一）组织结构

横条组织是指通过纱线颜色、组织结构、线圈长度、纱线类型等的变化，在织物表面形成色彩上或结构上的横条效果的组织，这里主要介绍色彩横条组织。

（二）编程设计与制作

色彩横条组织指的是在基本组织的基础上，用两种或两种以上的颜色纱线来编织不同横列，从而形成色彩横条效果的组织。基本组织类型不同，形成的彩色横条效果也略有不同。按照色彩横条组织工艺原理设计新花型，其织物视图、工艺视图和标志视图如图4-44和图4-45所示，编程设计要点如下：

（1）新花型设计时针床对位根据基本组织类型而定，基本组织为纬平针的针床对位可默认"U"位，基本组织为1×1罗纹的针床对位调整为"#"。如图4-44所示是在纬平针组织基础上形成的彩色横条组织，彩色横条较为平直；如图4-45所示是在1×1罗纹组织基础上形成的彩色横条组织，由于正反线圈对比，彩色横条呈锯齿状。

（2）根据花纹要求采用"纱线颜色（默认）"中的颜色进行横条组织的绘制，特别要注意每种色纱编织的行数必须为偶数。

（3）设置导纱器时，要注意导纱器的带入带出方式和切夹纱方式，导纱器的设置要从下往上。若同一把导纱器编织多个区域，则第一个区域导纱器设置为"不带出"，下一个区域设置为"从上一位置开始"，编织全部完成后再带出。

（4）设置线圈长度，线圈长度NP值和基本组织一致，纬平针彩色横条组织NP5 = NP6 = 12.5，罗纹彩色横条组织NP5=NP6=10.0，也可根据纱线粗细、牵拉力大小等进行适当调整。

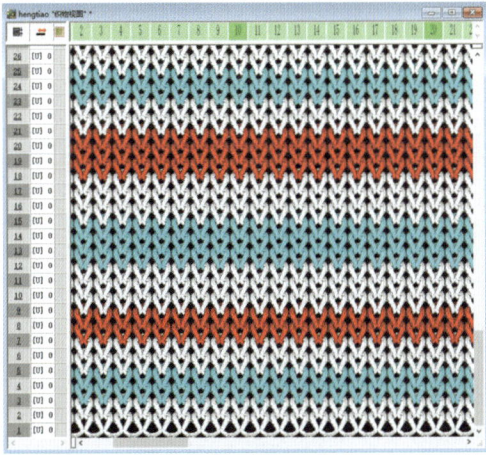

（a）织物视图

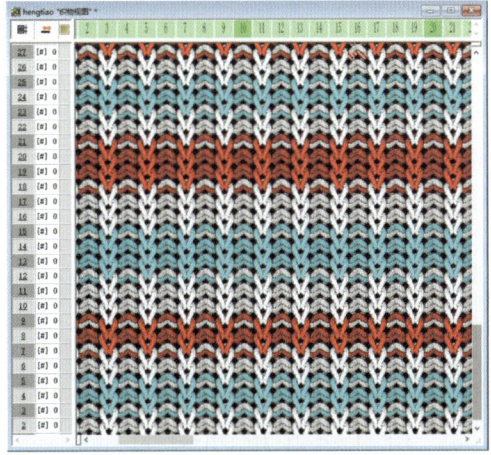

（a）织物视图

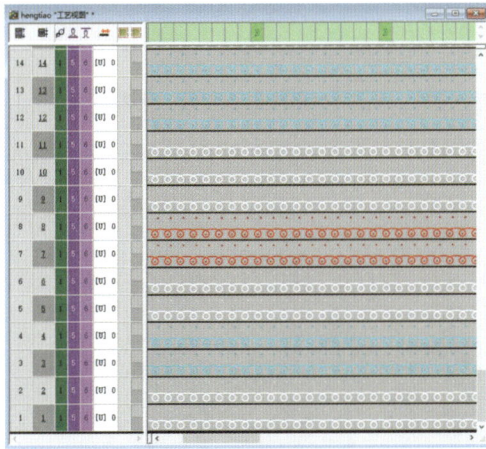

（b）工艺视图

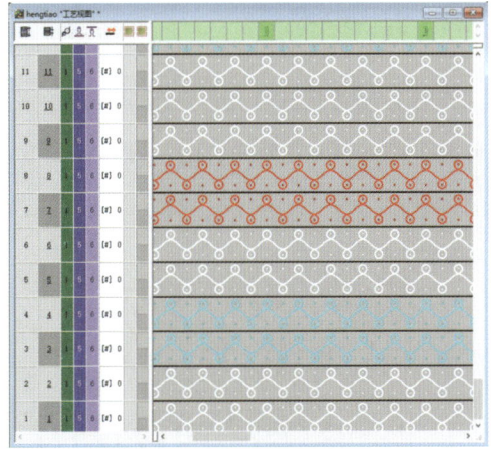

（b）工艺视图

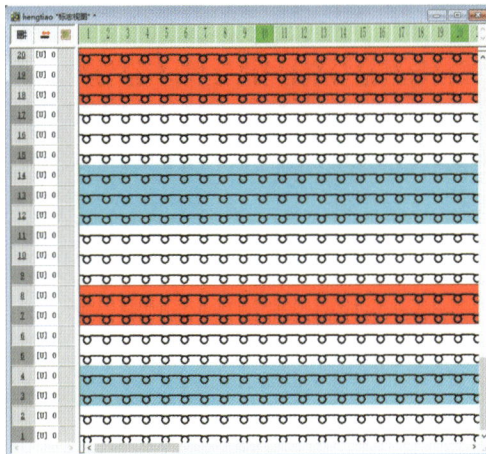

（c）标志视图

图4-44 平针横条组织

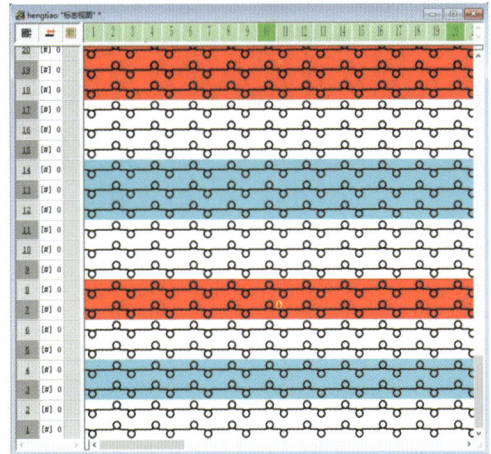

（c）标志视图

图4-45 罗纹横条组织

第六节　花型设计实例分析与编程

前面介绍了电脑横机各类花色组织的设计与编程要点，本节主要以两类花色组织为实例，在对组织结构进行分析的基础上，详细介绍编程的过程。

一、挑孔绞花移圈组织

（一）组织结构

图4-46为挑孔绞花移圈组织实物，该组织是以挑孔移圈和绞花相结合，在罗纹基础上形成了镂空和麻花效果，由于挑孔移圈方向不同，原本凹陷的直反面线圈纵行出现了扭曲的效果。

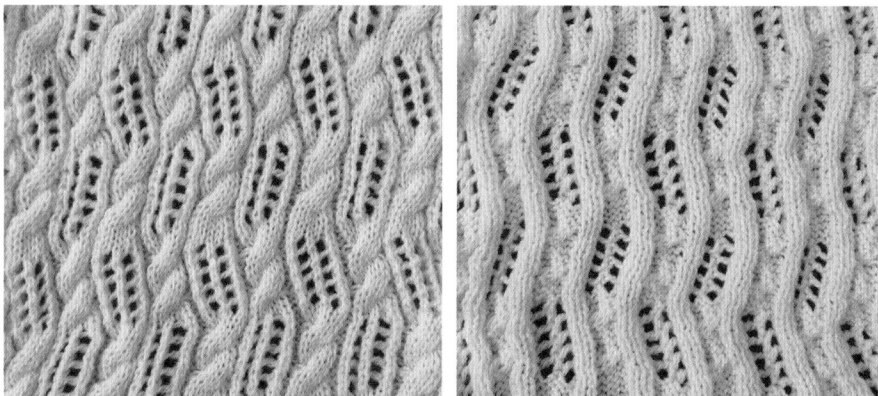

图4-46　挑孔绞花移圈组织实物

（二）编程设计与花型绘制

1. 创建新花型

如图4-47所示，创建新花型命名为"tiaokongjiaohuayiquanzuzhi"，开针尺寸为100×120，选择"工艺花型""建模""Stoll high performance/用牵拉梳/1系统/没有弹力纱/转换松散的行"，点击"工艺花型"进入。

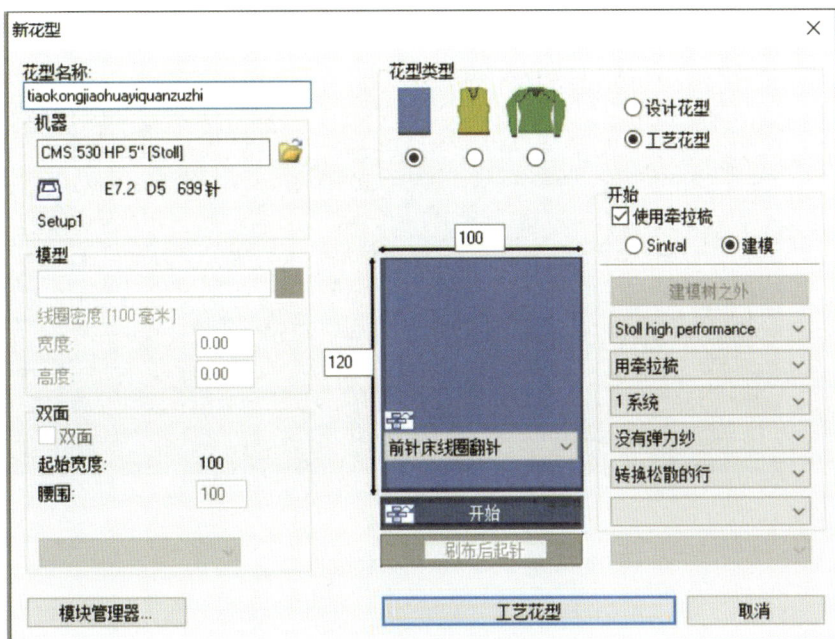

图4-47 创建新花型

2. 设计新花型

根据组织结构特点，把针床对位调整为"#"位，采用"模型"中的"挑孔"和"绞花"等进行新花型绘制，完成后检查花型两边及最上端的线圈结构是否为成圈线圈，如果不是须修改。其织物视图和标志视图如4-48所示。

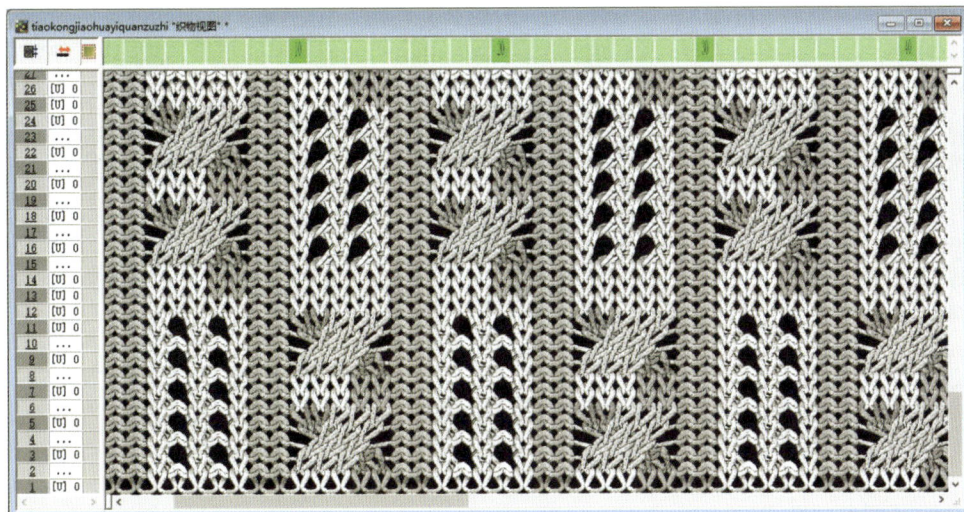

（a）织物视图

图4-48

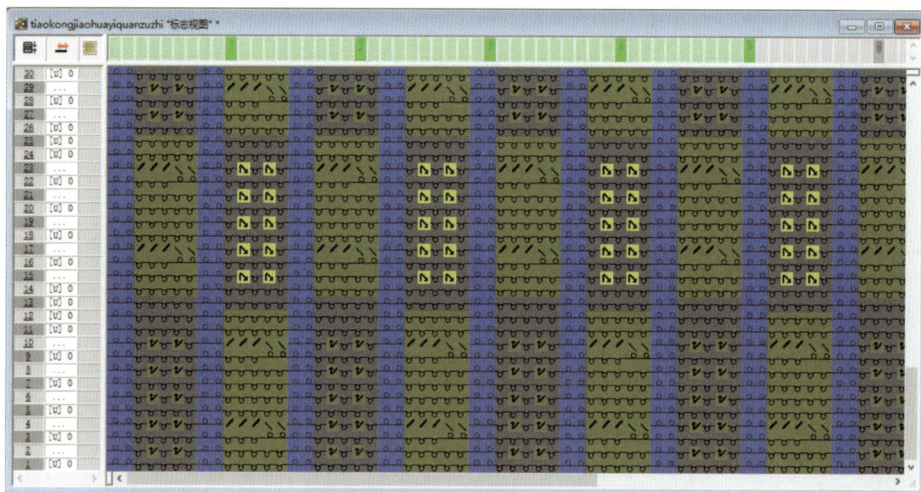

（b）标志视图

图4-48 挑孔绞花新花型

3. 添加起头模块

选择菜单栏"编辑"中的"替换起头"，进入"替换起头"界面，如图4-49所示，选择"建模"和"1×1罗纹"，点击"确定"。添加起头后，更换纱线颜色，把"分离纱"及以下工艺行换成"分离纱"颜色，"分离纱"以上起头部分换成"主纱颜色"，如图4-50所示。

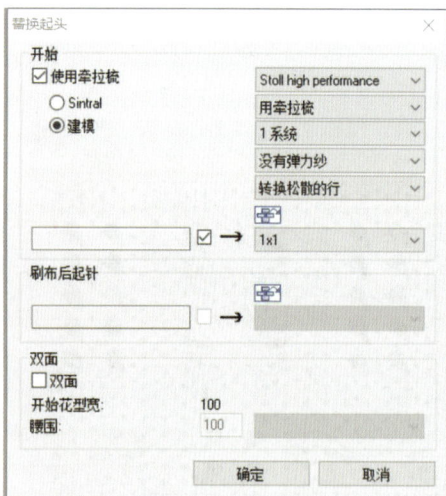

图4-49 添加起头

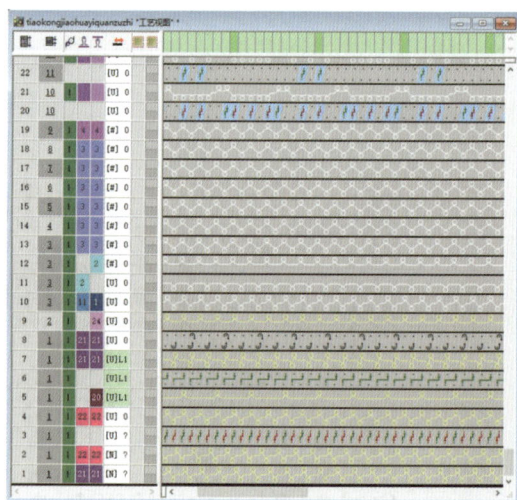

图4-50 更换颜色

4. 花型参数设置

选择菜单栏"花型参数"中的"设置"，点击"编织区域"，出现如图4-51所示的界面，在"保护行（带牵拉梳）"处选择前面自己制作的"复制的安全行"模块，并在"使用建模颜色"处打钩；点击"牵拉梳、夹纱"，出现如图4-52所示的界面，在起头之前带入编织导纱器设置处选择"Standard""10织针"，"应用"确定后退出。

图4-51 编织区域设置

图4-52 牵拉梳-夹纱设置

5. 导纱器排列

按快捷键"F4",进入导纱器排列界面,如图4-53所示。左1设置为"左进,不出,织物结束",左2设置为"左进,左出,在4行以后",右4设置为"右进,右出,立刻"。

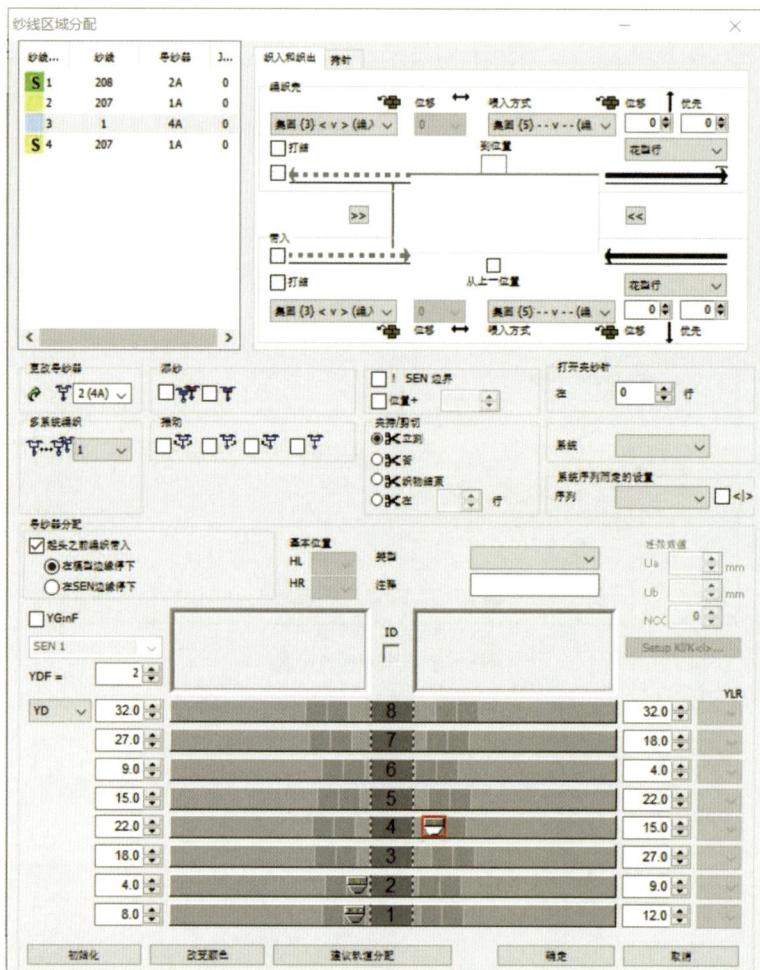

图4-53 导纱器排列

6. 编辑工艺参数——线圈长度

在"工艺视图"中的线圈长度编辑界面(图4-54),定义正式编织部分前针床线圈长度NP5=12.5,后针床线圈长度NP6=12.5。

7. 自动工艺编辑

按"F10"或点击"运行步骤"中的"开始处理",进行自动工艺编辑,直至出现"工艺编辑顺利完成"。

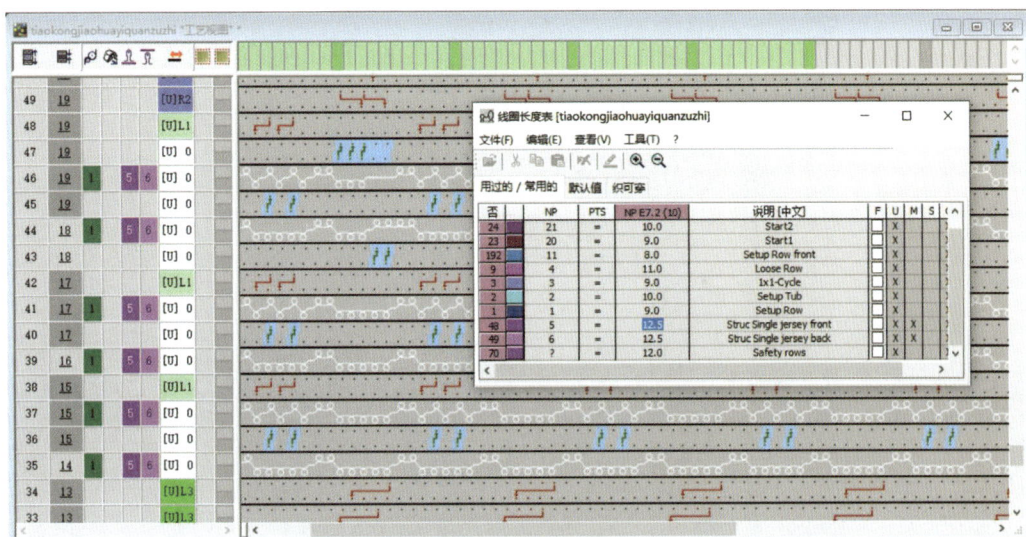

图4-54 编辑线圈长度

8. 编辑工艺参数——牵拉力、机速

工艺编辑完成后，在牵拉力一栏和机速一栏出现了系统默认值，可根据需要进入牵拉力编辑界面（图4-55）和机速编辑界面（图4-56）进行修改。

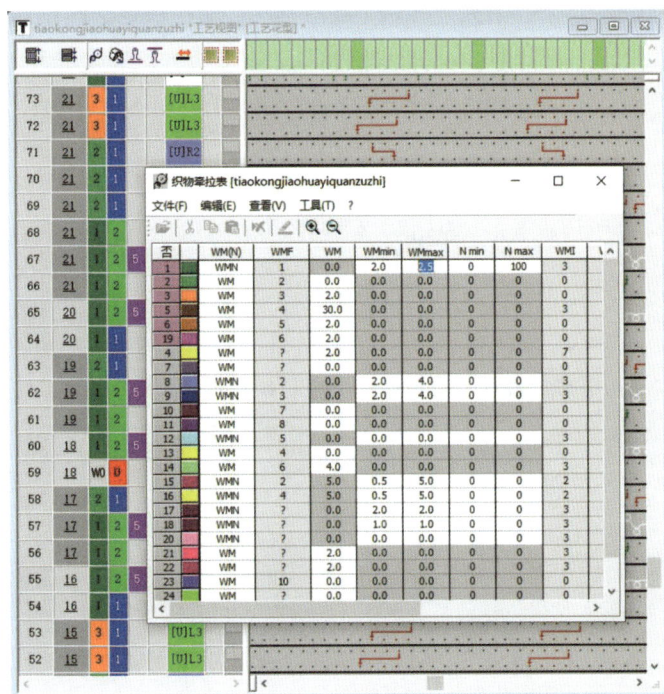

图4-55 牵拉力编辑

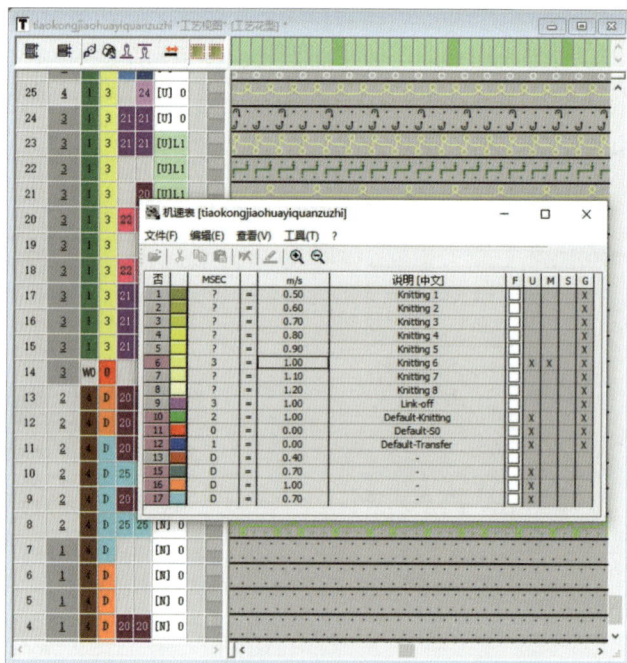

图4-56　机速编辑

9. 重新处理生成MC程序

点击工具栏"运行步骤"中的"开始重新处理"或按快捷键"F11"，开始重新处理程序，最后显示工艺处理顺利完成，并生成MC程序。

10. 程序检验

点击"运行步骤"中的"运行Sintral检查"或按快捷键"Ctrl+F11"，出现"Sintral检验"窗口，如图4-57所示。点击"Start"，系统开始对程序进行自动检验，直至出现"语法检验OK"和"模拟OK"，表示程序检验通过。

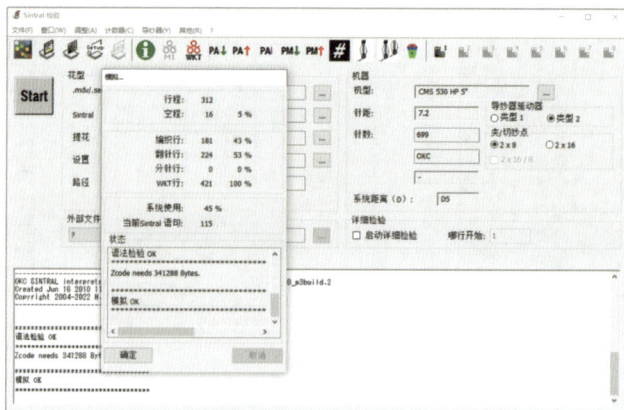

图4-57　Sintral检验窗口

11. 导出MC程序

选择菜单栏中"MC程序"下拉菜单中的"导出MC程序",出现"导出提花/sin/设置文件"窗口,可点击"..."修改保存路径,然后点击"确定",导出"JAC""SIN""SET"三个上机文件,程序制作完成。

二、空气层提花组织

(一)组织结构

从图4-58中可以看出,该组织为三色空气层提花组织,在织物两面均形成了图案效果,并采用图片导入的方式来制作新花型。

图4-58 空气层提花组织

(二)编程设计与花型绘制

1. 设计新花型

点击菜单栏"文件"中的"导入",选择"图片作为花型",进入图片选择界面,如图4-59所示,点击"调入"导入图片,图片像素大小不能超过针床总针数。

然后点击"下一步",进入"颜色选择"界面,如图4-60所示。根据花型图案特点,选择颜色数为"3",点击"减少颜色","完成"后进入新花型。导入的图片可根据需要进行局部修改和完善。

图4-59　图片选择

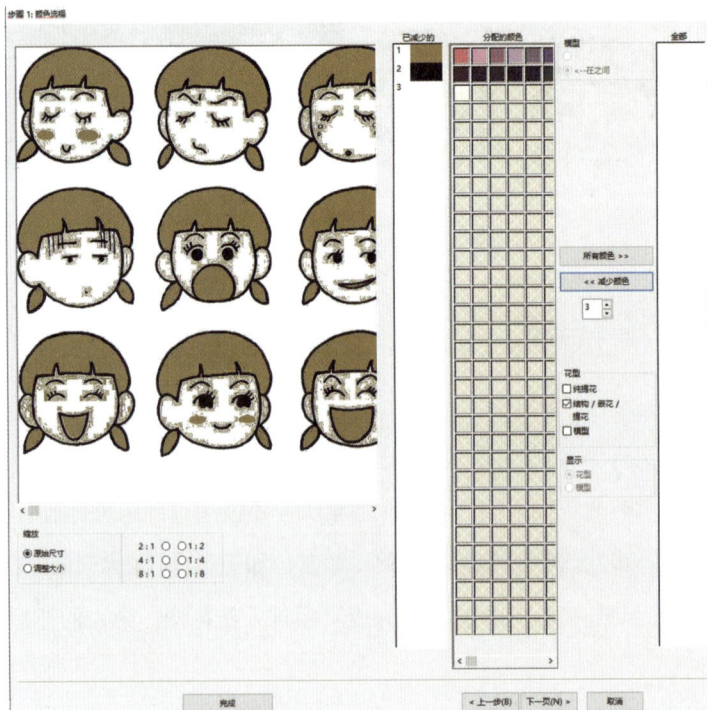

图4-60　颜色选择

2. 生成提花

生成提花前，对空气层提花图案做封边处理，把图案两边的颜色均改为同一种颜色或由三种颜色轮流进行编织。选定提花区域，点击菜单栏"编辑"中的"生成或者编辑提花"，进入提花编辑界面，选择"每行颜色数相同""网络"，点击"应用"生成空气层提花，其织物视图正反面如图4-61所示。

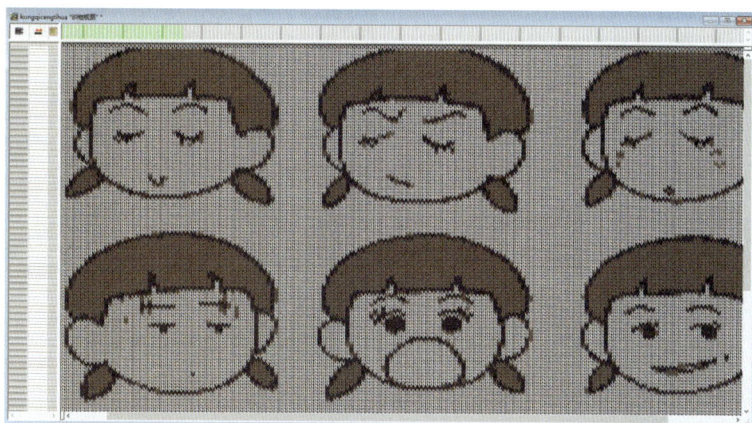

（a）织物视图（正面）

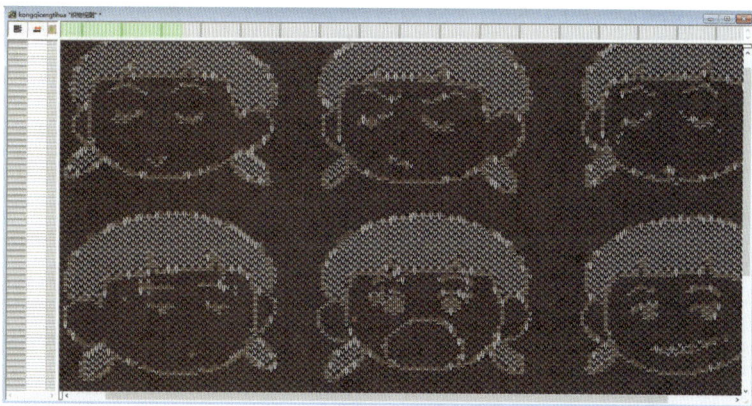

（b）织物视图（反面）

图4-61 空气层提花新花型

3. 添加起头模块

选择菜单栏"编辑"中的"替换起头"，进入"替换起头"界面，如图4-62所示，选择"建模""转换双面""空转"，点击"确定"。添加起头后，更换纱线颜色，把"分离纱"及以下工艺行换成"分离纱"颜色，"分离纱"以上起头部分换成"主纱颜色"，如图4-63所示。

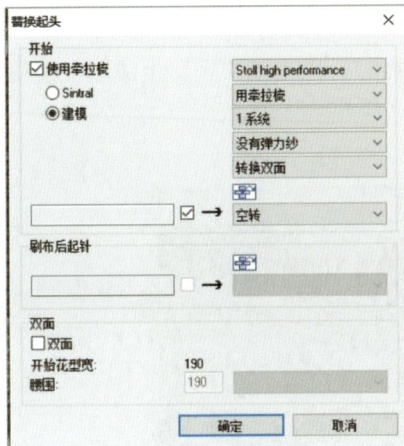

图4-62 添加起头

图4-63 更换颜色

4. 花型参数设置

选择菜单栏"花型参数"中的"设置",点击"编织区域",出现如图4-64所示的界面,在"保护行(带牵拉梳)"处选择前面自己制作的"复制的安全行"模块,并在"使用建模颜色"处打钩;点击"牵拉梳、夹纱",出现如图4-65所示的界面,在起头之前带入编织导纱器设置处选择"Standard""10织针","应用"确定后退出。

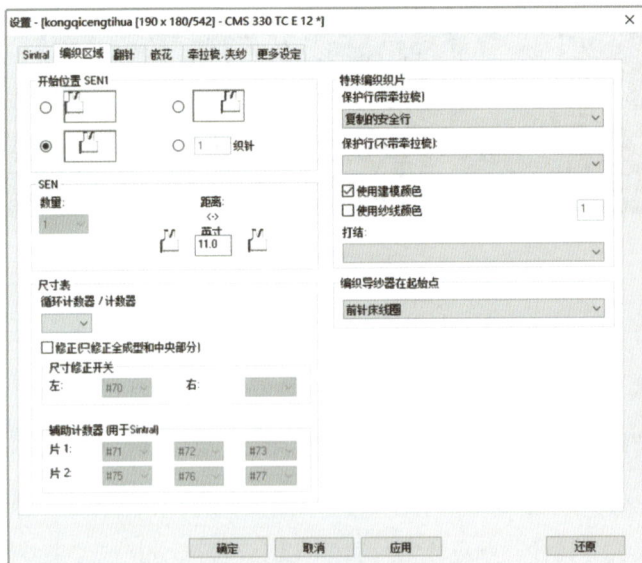

图4-64 编织区域设置

5. 导纱器排列

点击工具栏"花型显示"中的"纱线区域"或按快捷键"F4"，进入导纱器排列界面，如图4-66所示，左1设置为"左进，不出，织物结束"，左2设置为"左进，左出，在4行以后"，主纱导纱器放在右边，按各自编织区域设置带入带出方式。

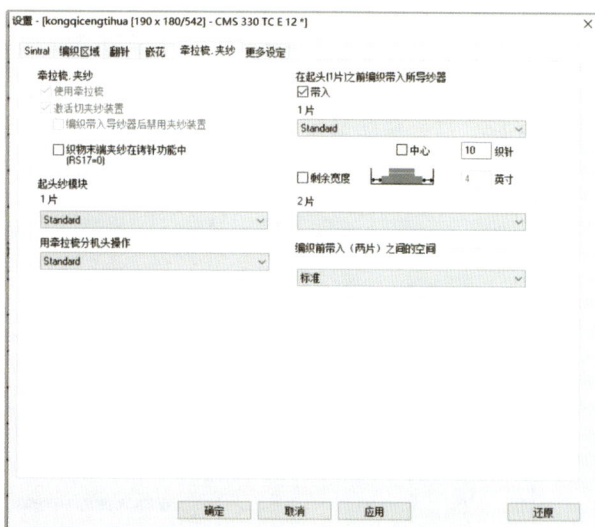

图4-65　牵拉梳-夹纱设置

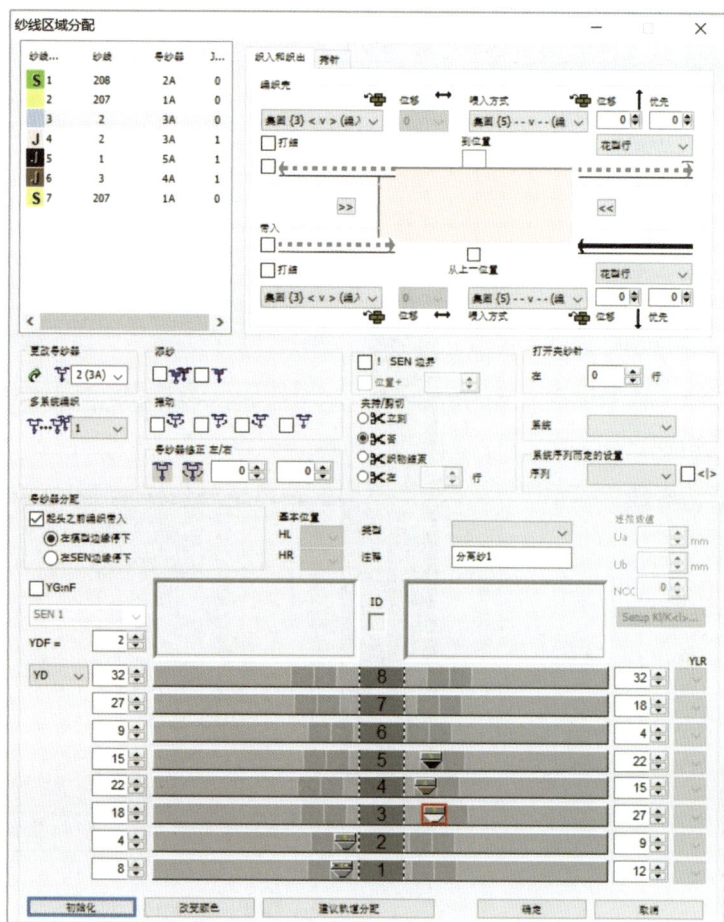

图4-66　导纱器排列

6. 编辑工艺参数——线圈长度

在"工艺视图"中的线圈长度编辑界面（图4-67），定义正式编织部分前针床线圈长度NP5为12.0，后针床线圈长度NP6为12.0。

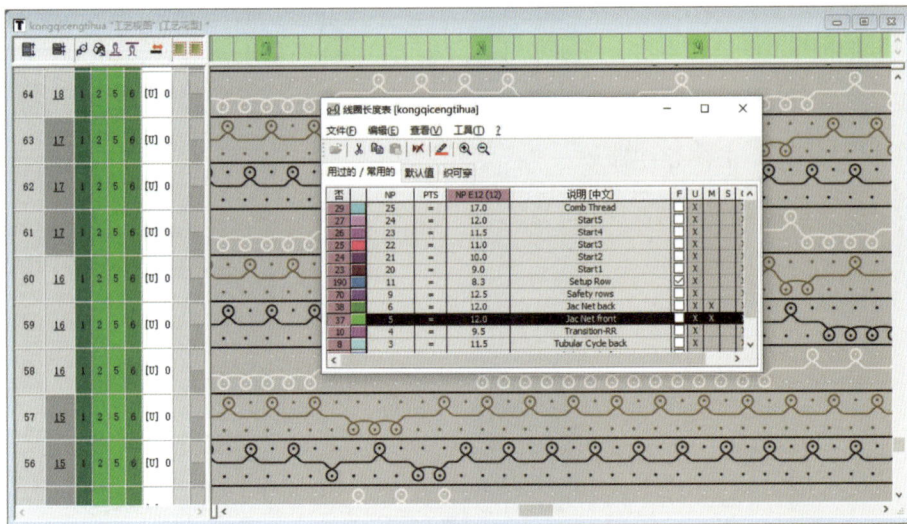

图4-67　编辑线圈长度

7. 自动工艺编辑

按"F10"或点击"运行步骤"中的"开始处理"，进行自动工艺编辑，直至出现"工艺编辑顺利完成"。

8. 编辑工艺参数——牵拉力、机速

工艺编辑完成后，在牵拉力一栏和机速一栏出现了系统默认值，可根据需要打开牵拉力编辑界面（图4-68）和机速编辑界面（图4-69）进行修改。

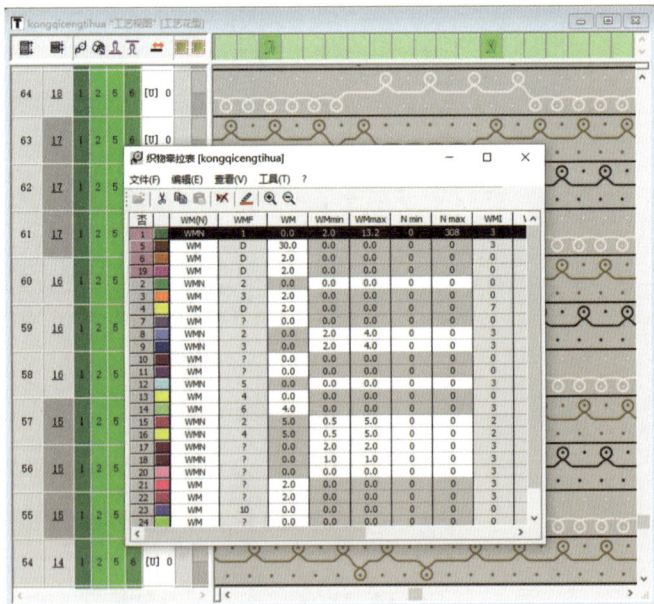

图4-68　牵拉力编辑

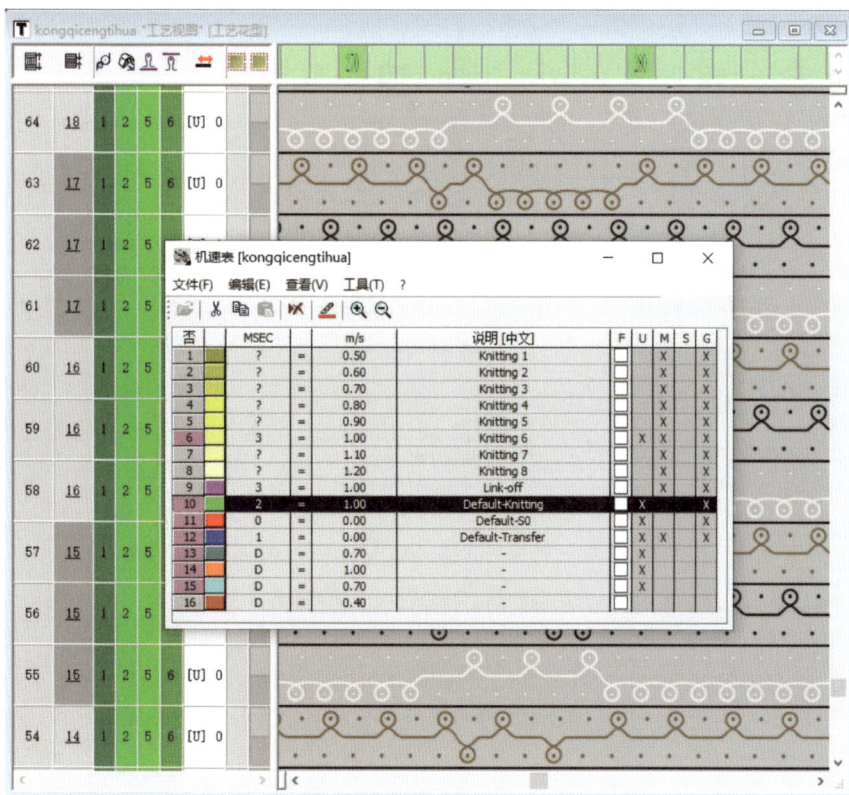

图4-69 机速编辑

9. 重新处理生成MC程序

点击工具栏"运行步骤"中的"开始重新处理"或按快捷键"F11"，开始重新处理程序，最后显示工艺处理顺利完成，并生成MC程序。

10. 程序检验

点击"运行步骤"中的"运行Sintral检查"或按快捷键"Ctrl+F11"，出现"Sintral检验"窗口，如图4-70所示。点击"Start"，系统开始对程序进行自动检验，直至出现"语法检验OK"和"模拟OK"，才表示程序检验通过。

11. 导出MC程序

选择菜单栏中"MC程序"下拉菜单中的"导出MC程序"，出现"导出提花/sin/设置文件"窗口，可点击"..."修改保存路径，然后点击"确定"，导出"JAC""SIN""SET"三个上机文件，程序制作完成。

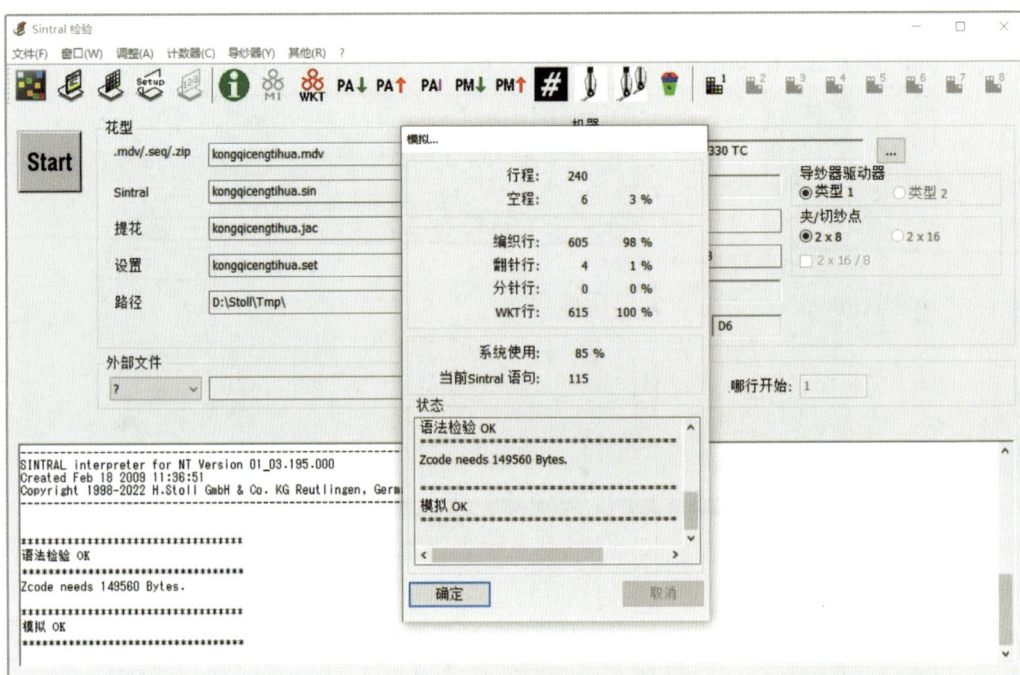

图4-70 Sintral检验窗口

思考与练习：

1. 设计一种移圈类组织，并编程。

2. 运用图片导入方式设计两色空气层提花组织。

3. 设计曲折闭口凸条织物，并编程。

4. 说明各类提花织物对于提花花型的不同要求。

5. 用局部编织法设计凸点织物，并编程。

参考文献

[1] 宋广礼.电脑横机实用手册[M].2版.北京:中国纺织出版社,2010.

[2] 徐艳华,袁新林.羊毛衫设计与生产工艺[M].北京:中国纺织出版社,2014.

[3] 郭凤芝.电脑横机的使用与产品设计[M].北京:中国纺织出版社,2009.

[4] 姜晓慧,王智.电脑横机花型设计实用手册[M].北京:中国纺织出版社,2014.

[5] 林光兴,金永良,张国利.电脑横机操作教程[M].北京:中国纺织出版社有限公司,2022.

[6] 朱学良.电脑横机操作教程[M].2版.北京:中国纺织出版社有限公司,2019.

附录　花型案例展示

附图1

附图2

附图3

附图4

附图5

附图6

附图7

附图8

附图9

附图10

附图11

附图12

附图13

附图14

附图15

附图16

附图17

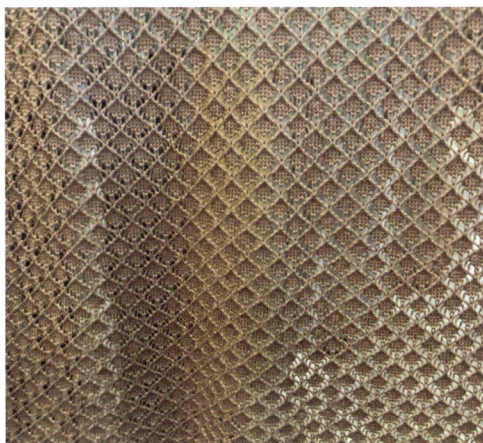

附图18

附图19

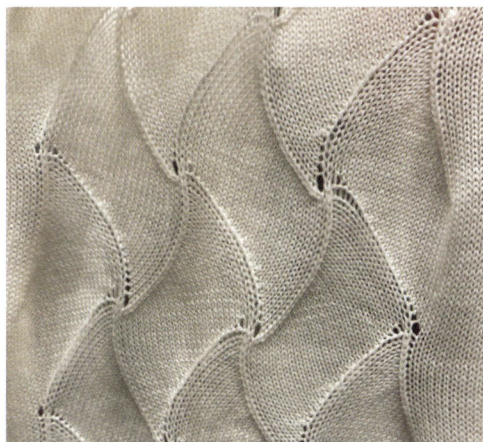

附图20

附图21

附图22

附图23

附图24

附图25

附图26

附图27

附图28

附图29

附图30

附图31

附图32

附图33

附图34

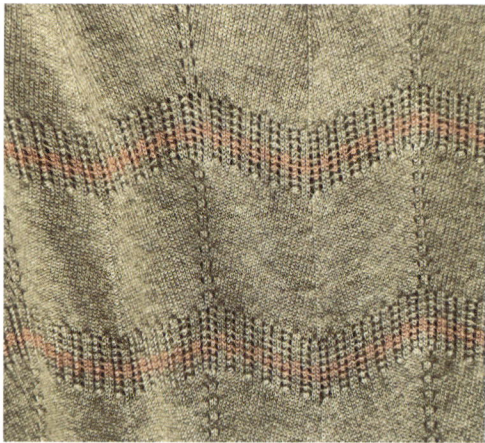

附图35

附图36